KB063945

나는 내가 죽었다고 생각했습니다

나는 내가 죽었다고 생각했습니다

뇌과학자의 뇌가 멈춘 날

질 볼트 테일러 지음 ㅣ 장호연 옮김

월북

차
례

마음에서 마음으로, 뇌에서 뇌로

모든 뇌는 저마다 사연이 있다. 그리고 이 책은 나의 뇌가 겪은 사연을 담고 있다.

10년 전 나는 하버드 의과대학에서 인간의 뇌에 대한 연구와 강의를 하고 있었다. 그러던 중 1996년 12월 10일, 나 자신이 뜻하지 않은 수업을 받게 되었다. 왼쪽 뇌에 희귀 유형의 뇌졸중이 발생한 것이다. 머릿속에 원인을 알 수 없는 선천적인 혈관 기형이 있었는데 이날 아침 갑자기 이곳이 터지면서 대출혈이 일어났다. 4시간 동안 나는 호기심 많은 뇌신경해부학자의 시선으로 나의 뇌가 정보 처리 능력을 완전히 잃어버리는 과정을 지켜보았다. 점심때가 되자 걷거나 말할 수 없었고, 읽고 쓰는 것도 불가능해졌다. 내 삶의 모든 기억이 사라졌다. 몸을 작게 움츠린 나는 정신이 죽음에 굴복하는 것을 느꼈다. 그 당시에는, 내가 이렇게 회복해서 사람들에게 나의 이야기를 전할 수 있으리라고는 상상도 하지 못했다.

이 책은 내 존재가 침묵 속에서 마음의 깊은 평화를 얻기까지의 여정을 시간순으로 기록한 것이다. 여기에는 과학자로서 내가 받은 교육과 개인적 경험, 그리고 그로부터 얻은 통찰이 녹아 있다. 내가 알기로 신경해부학자가 직접 중증 뇌출혈을 겪었다가 회복한 사연을 기록한 책은 지금까지 없었다. 그래서 이 책이 세상에 나와 사람들에게 도움을 줄 것이라는 생각만으로도 흥분된다.

무엇보다 내가 이렇게 살아남아 지금 이 시간을 즐길 수 있다는 사실이 행복하다. 주위의 많은 분들이 무조건적인 사랑으로 나를 돌봐줬기 때문에 고통스러운 회복 과정을 견딜 수 있었다.

수년 동안 이 책을 묵묵히 쓸 수 있었던 것은, 뇌졸중으로 돌아가신 자기 어머니가 왜 응급 전화를 걸지 않았는지 모르겠다며 내게 연락해온 젊은 여성 덕분이었다. 그리고 자기 아내가 죽기 전의 혼수상태에서 엄청난 고통을 겪었다며 가슴 아파하던 노신사 때문이었다. 사람들은 도움과 희망을 구하고자 내게 연락을 보내왔다. 그런 환자 보호자들을 위해 나는 (충실한 반려견 니아를 무릎에 앉히고) 컴퓨터 앞에 오래 앉아 있기로 마음먹었다. 뇌졸중으로 고통받은 70만 명의 미국인들과 그리고 그들의 가족을 위해 이 작업에 매달렸다. '뇌졸중이 찾아온 아침'을 읽고 단 한 명이라도 뇌졸중의 징후를 미리 알아채고 제때 도움을 청한다면, 지난 10년 동안 내가 쏟았던 노력은 충분히 보상되고도 남을 것이다.

'뇌졸중 이전의 나의 모습'에서는 내가 뇌졸중으로 쓰러지기 전의 생활을 다뤘다. 어떻게 해서 뇌과학자의 길을 걷게 되었는지, 학문적

삶은 어떠했는지, 내 관심사와 목표는 무엇이었는지 간략히 소개했다. 남부럽지 않은 삶이었다. 하버드 대학교에서 뇌과학을 전공했고, 전미정신질환자협회NAMI 위원이었으며, '노래하는 과학자'로서 전국을 여행했다.

뇌졸중을 겪을 때의 느낌이 어떤지 알고 싶다면 '뇌졸중이 찾아온 아침'을 읽기 바란다. 여기서 나는 인지능력이 단계적으로 무너져 가는 과정을 과학자의 눈으로 추적했다. 출혈이 심해지면서 내 인지능력이 어떻게 그 기능을 상실해갔는지 생물학적 근거를 들어 설명해보았다. 뇌해부학자로서 하는 말인데 나는 뇌졸중을 겪으면서 뇌와 그 작용에 대해 대학에서 배운 것만큼이나 많이 배웠다. 그날 아침, 나는 내가 우주와 하나가 되었다는 느낌을 받았다. 그 이후로 나는 인간이 어떻게 '신비한' 혹은 '초자연적인' 경험을 하는지를 뇌의 해부학적 관점에서 이해할 수 있게 되었다.

가족이나 친지 중에 뇌졸중이나 머리 쪽에 외상을 입은 사람이 있다면, 회복을 다룬 부분을 읽으며 많은 도움을 받을 것이다. 여기서 나는 회복 과정을 시간순으로 소상하게 공개했다. '나를 살리는 40가지 방법'은 책의 맨 뒤에 목록을 만들어 첨부했다. 누구든 이 내용이 필요한 사람에게 기꺼이 나누어주기 바란다.

'2부 나로 살아가는 법'에서는 뇌졸중 경험이 나의 뇌에 대해 가르쳐준 것이 무엇인지 정리했다. 이 부분에서 여러분은 이 책이 실제로 담고 있는 이야기가 뇌졸중에 대한 것이 아님을 알게 될 것이다. 정확히 말하면 뇌졸중은 내게 지혜와 통찰을 안겨준 하나의 외상 경험이었다. 그러니까 이 책은 끊임없이 변화에 적응하고 기능을 회복할 수 있는 능력을 타고난 뇌의 아름다움과 회복력에 대한 책이다. 즉, 내가 우뇌의 의식 속으로 여행을 떠나서 마음의 깊은 평화에 둘러싸이게 된 과정을 담은 것이다. 내가 좌뇌의 의식을 되살린 것도, 다른 사람들이 뇌졸중을 겪지 않고도 나와 같은 마음의 평화를 얻을 수 있도록 도와주고 싶었기 때문이다! 아무쪼록 즐거운 여행이 되기를.

질 볼트 테일러

My Stroke of Insight

—————————— 1부. 그날, 이후 8년의 기록

뇌졸중 이전의 나의 모습

우리 가족은 인디애나 주 테러호트에서 살았다. 나보다 18개월 먼저 태어난 오빠는 뇌 장애로 인한 조현병 판정을 받았다. 공식적인 진단은 31세 때 나왔는데, 이미 오래전부터 명백한 징후를 보이고 있었다. 어린 시절 내가 지켜본 오빠는 현실을 받아들이고 행동하는 방식이 나와는 아주 딴판이었다. 그래서 나는 어릴 때부터 인간의 뇌에 흥미를 가졌다. 오빠와 내가 같은 경험을 하는데도 그 상황에 대해 어쩌면 이렇게 전혀 다른 해석을 할 수 있을까 의아했다. 내가 뇌과학자의 길을 걷게 된 건 바로 나와 오빠의 차이, 세상에 대한 인식과 정보 처리 방식, 그리고 그 결과 나타나는 행동의 차이 때문이었다.

1970년대 말 나는 인디애나 주 블루밍턴에 있는 인디애나 주립대학교에서 학부 과정을 밟았다. 오빠를 옆에서 보고 자라면서 신경 차원에서의 '정상'이라는 것이 어떤 의미인지 정말 궁금했다. 당시는 신경

과학이라는 학문이 생긴 지 얼마 되지 않았을 때라 인디애나 대학교에 정식으로 개설된 전문 과정이 없었다. 그래서 나는 생리심리학과 인체생물학을 공부하며 인간의 뇌에 대해 닥치는 대로 배워야 했다.

처음으로 얻은 일자리는 내 삶에서 대단한 행운이었다고 생각한다. 나는 인디애나 주립대학교 캠퍼스에 위치한 의과대학 부설기관인 테러호트 의학교육센터에 연구원으로 취직했다. 거기서 의료용 인체육안해부 실험실과 신경해부 실험실을 오가며 일했다. 2년 동안 의학 공부에 푹 빠져 지냈고, 로버트 머피 박사의 지도로 인체해부학에 완전히 매료되었다.

석사학위 없이 곧바로 인디애나 주립대학교의 생명과학부 박사과정에 입학해 6년 동안 공부했다. 의과대 1학년 커리큘럼을 이수했고, 윌리엄 앤더슨 교수의 지도 아래 신경해부학을 전공했다. 1991년에 박사학위를 받고 나니 인체육안해부학, 인체신경해부학, 생물조직학을 의과대학에서 가르칠 수 있는 수준이 되었다.

1988년 한창 공부하고 있을 때, 오빠가 공식적으로 조현병 진단을 받았다. 오빠는 우주를 통틀어 생물학적으로 나와 가장 가까운 존재였다. 나는 내 꿈을 현실과 연결시켜 한 단계씩 이뤄나가고 있었다. 그런데 오빠의 뇌는 대체 나와 어떻게 다르기에 꿈을 현실과 연결시키지 못하고 그냥 망상으로 그치고 마는 걸까? 나는 조현병을 전문적으로 연구하고 싶어졌다.

인디애나 대학교를 졸업할 즈음 내게 하버드 의과대학 신경과학부에서 박사후 연구원 자리를 제의해왔다. 그래서 2년 동안 로저 투텔 교수와 함께 뇌의 시각피질에서 움직임을 감지하는 부위인 MT 영역의 위치를 연구했다. 이 프로젝트에 관심을 가진 이유는 따로 있었다. 조현병 진단을 받은 환자 가운데 상당수가 움직이는 사물을 관찰할 때 비정상적인 안구의 움직임을 보이기 때문이다. 투텔 교수를 도와 MT 영역의 뇌 속 위치를 해부학적으로 확인한 나는 하버드 의과대학의 정신의학부로 자리를 옮겼다. 맥린 병원의 프랜신 베네스 교수 연구실에서 일하는 것은 뇌과학을 연구하면서 갖게 된 목표였다. 그녀는 조현병과 관련한 인간 뇌의 해부 연구 부분에서 세계적인 명성을 쌓은 권위자로, 나는 그녀와 함께 일하는 것이 뇌질환으로 고통받는 오빠 같은 사람들을 도울 수 있는 기회가 될 것이라 믿었다.

1993년 맥린 병원에서 일을 시작하기 전, 전미정신질환자협회 NAMI[1]에서 주최하는 연례 학술대회에 참가하기 위해 아버지와 함께 마이애미로 날아갔다. 아버지는 상담심리학 박사학위를 갖고 계시고, 성공회 목사로 일하시다 은퇴 후, 평생을 사회정의 실현에 앞장서신 분이다. 우리는 이 단체가 무엇을 하는 곳인지 알아보고 가능하다면 돕고 싶었다. NAMI는 심각한 정신질환을 안고 살아가는 사람들의 삶의 질을 높이기 위해 애쓰는 시민단체로, 규모가 가장 크다. 당시에는 정신병 진단을 받은 사람이 있는 가정이 4만 가구가 전부였는데, 지금은 회원수가 22만 가구로 늘어났다. 각 주마다 이 단체 산하의 하위 조직들이 활발하게 활동하고 있다. 그 외에도 지역사회에서

1　　National Alliance on Mental Illness. 1979년 정신질환으로 고통받는 환자와 가족의 권익을 위해 창설된 비영리 조직으로, 미 전역에 주와 군마다 하위 조직을 두고 이들을 위한 교육과 지원, 연구에 힘쓰고 있다. www.nami.org에서 자세한 정보를 얻을 수 있다. [옮긴이 주]

가족들에게 각종 지원, 교육과 홍보 기회를 제공하는 1,100개가 넘는 지부들이 전국 곳곳에 흩어져 있다.

마이애미 여행은 내 삶을 바꿔놓았다. 중증 정신질환 진단을 받은 사람들을 포함하여 그들의 부모, 형제자매, 자녀들 등 1,500명이 한자리에 모였다. 나는 다른 가족들을 만나고 나서야 비로소 오빠의 병이 내 삶에 얼마나 큰 영향을 미쳤는지 깨달았다. 오빠를 조현병으로 잃었을 때의 슬픔을 마음으로 아는 사람들이었고, 우리 가족이 오빠에게 양질의 치료를 받게 하려고 얼마나 노력했는지 이해했다. 그들은 정신병을 따라다니는 사회적 편견과 오명에 맞서 한목소리를 냈다. 정신질환의 생물학적 특징을 설명한 교육 프로그램을 만들어 공부하고 아울러 일반인들에게 알렸다. 물론 치료법을 찾기 위해 뇌 연구자들과 접촉하는 일도 게을리하지 않았다. 내가 딱 필요한 때에 있어야 할 곳에 와 있다는 생각이 들었다. 나도 정신병을 앓는 가족이 있었다. 또한 나는 이런 사람들을 돕는 일에 열성적인 과학자였다. 드디어 내가 몸 바쳐 일할 만한 대의를 찾았을 뿐만 아니라 또 다른 가족을 얻었음을 느꼈다.

마이애미 학술대회에서 돌아온 바로 다음 주, 일을 시작하려고 들뜬 마음으로 베네스 교수가 연구소장으로 있는 맥린 병원 구조신경과학 연구소를 찾아갔다. 해부 검시를 통해 조현병의 생물학적 원인에 대한 연구를 시작하자 어찌나 흥분이 되던지. 내가 애정을 담아 '조현병의 여왕'이라고 부르는 베네스 교수는 진정 놀라운 과학자였다. 그녀가 생각하고 탐구하고 자료를 바탕으로 결론을 도출해내는 과정을 지켜보는 것만으로도 즐거웠다. 그녀가 창의적으로 실험을 설계하고, 끈질기고 정확하며 효율적으로 실험실을 운영하는 모습을 지켜볼 수 있어서 영광이었다. 바야흐로 내 꿈의 실현이 멀지 않아 보였다. 조현병 진단을 받은 사람들의 뇌를 연구하면서 나의 목적의 식이 분명해진 것이다.

연구소 근무 첫날, 베네스 교수는 정신병 환자의 가족들이 갈수록 뇌를 기증하지 않아서 이대로 가다가는 결국 연구에 쓸 뇌조직이 모 자라게 될 것이라며 걱정했다. 믿을 수 없었다. 나는 마이애미에서 중증 정신질환자의 가족들 수백 명을 만나고 온 터였다. 그 가족들이 뇌 연구 성과를 함께 나누고 배우는 것을 아주 좋아하는 모습을 보고 온 터라 뇌조직 기증이 줄어들고 있다는 사실은 정말 뜻밖이었다. 나 는 대중의 인식에 문제가 있다는 생각이 들었다. 그들에게 연구에 쓸 뇌조직이 부족하다는 사실을 알린다면 단체 내에서 기증이 활성화되 면서 문제가 해결될 게 분명했다.

이듬해인 1994년, 나는 NAMI 본부의 임원이 되었다. 나로서는 대 단한 영광이자 책임감이 요구되는 자리에 앉게 된 셈이었다. 내가 맡 은 일은 뇌 기증에 대한 인식을 높이고, 과학자들의 원활한 연구를 위해 정신병 진단을 받은 사람들의 뇌조직을 확보하는 일이었다. 나 는 이것을 '조직 문제Tissue Issue'라고 불렀다. 당시 회원들의 평균 연 령이 67세였는데 나는 겨우 35세였다. 가장 어린 나이로 임원에 선출 되었다는 사실이 자랑스러웠다. 애정과 의욕이 넘치던 때였다.

NAMI 본부에서 새 자리를 맡으면서 가장 먼저 한 일은 전국 각지 에서 열리는 NAMI 지부의 연례 학술대회에서 기조연설을 하는 것 이었다. 내가 이 일을 시작하기 전까지 베네스 연구소 바로 옆에 있는 하버드 뇌조직 자원센터[2] 에 기증되는 정신병 진단 환자의 뇌는 1년에 3개를 넘지 못했다. 베네스 연구소에서 겨우 연구를 할 수 있을 정도였고, 뇌조직을 요청하는 다른 연구소들까지 제공하기에는 턱없이 부족했다. 몇 달 동안 전국을 돌며 환자 가족들에게 '조직 문제'에 대해 설명하자 기증되는 뇌의 수가 서서히 늘기 시작했다. 현재는 정신병 진단을 받은 사람의 뇌가 매년 25개에서 35개 정도 기증된다. 과학계의 활발한 연구 활동을 위해서는 100개 정도의 뇌가 기증되어야 한다.

'조직 문제'를 사람들에게 알리기 시작하면서 뇌를 기증해달라는 요청을 몇몇 회원들이 몹시 불편해한다는 것을 알아차렸다. 회원들이 "맙소사! 내 뇌를 달래!" 하고 느끼는 순간이 있었던 것이다. 그러면 그들에게 "맞아요, 사실이에요. 하지만 급한 건 아니니까 걱정 말아요!"라고 말해주고 싶었다. 이런 우려를 불식시키기 위해 나는 〈1-800-뇌 은행!〉 이라는 짧은 노래를 만들었고, '노래하는 과학자'[3] 가 되어 기타를 들고 다니기 시작했다. 그리고 뇌 기증 문제를 꺼낼 때가 되어 장내의 긴장감이 높아지면 기타를 치며 노래를 불렀다. 노래는 사람들의 긴장을 풀어주고 마음을 열게 만들어 메시지를 부담 없이 전달해주는 효과적인 방법이었다.

---

2 뇌 연구에 필요한 뇌 표본을 수집하고 이를 필요로 하는 연구소에게 나눠주기 위해 맥린 병원에 설립된 센터로, 일종의 뇌 은행이다. [옮긴이 주]

3 질 테일러 박사는 뇌 기증에 대한 대중의 인식 변화와 관심을 촉구하기 위해 캠페인 송을 자신의 기타 연주에 맞춰 부르며 미국 전역을 여행하고 있다. [옮긴이 주]

NAMI에서 일하면서 삶의 커다란 의미를 찾았고 연구소 일도 술술 풀렸다. 베네스 연구소에서 내가 맡은 일은 동일한 뇌조직에서 세 개의 신경전달물질이 활동하는 시스템을 눈으로 볼 수 있도록 프로토콜화하는 작업이었다. 신경전달물질은 뇌세포가 정보를 주고받기 위해 사용하는 화학물질을 말한다. 최근 들어 하나가 아니라 여러 신경전달물질 체계에 영향을 주는 항정신병 치료법이 개발되면서 이 연구가 부쩍 중요해졌다. 동일한 뇌조직에서 세 개의 다른 체계를 눈으로 확인할 수 있다면 이들 체계의 섬세한 상호작용을 그만큼 더 잘 이해할 수 있다. 뇌의 세부 회로를 더 잘 이해하는 것이 바로 우리의 목표였다. 우리는 뇌의 어느 부위의 어느 세포들이 교류할 때 어떤 화학물질이 어느 정도 나오는지 알아내고자 했다. 중증 정신병 진단을 받은 사람의 뇌와 정상적인 상태의 뇌를 비교했을 때 드러나는 세포 차원의 차이에 대해 이해가 깊을수록 의학계는 환자들에게 적절한 치료를 제공할 수 있는 것이다. 1995년 봄, 우리의 연구가 「바이오테크닉 저널」에 표지 기사로 실렸고, 이듬해 나는 하버드 의과대학 정신의학부에서 수여하는 영예로운 마이셀 상을 수상했다. 나는 연구소 일을 사랑했고 NAMI 가족들과 함께 연구 성과를 나누는 것이 즐거웠다.

바로 그때 생각지도 못했던 일이 일어났다. 당시 나는 30대 중반으로 사회적으로나 개인적으로나 승승장구하고 있었다. 그러다가 한꺼번에 추락하고 말았다. 장밋빛 삶과 전도유망한 미래가 날아가 버렸다. 1996년 12월 10일, 아침에 일어나 보니 나 자신이 뇌질환에 걸려 있었던 것이다. 뇌졸중이었다. 4시간이라는 짧은 시간 동안 나의 뇌가 정보 처리 능력을 완전히 잃어버리는 모습을 속수무책으로 지켜보았다. 감각기관이 느껴야 할 어떤 자극도 느껴지지 않았다. 뇌 속에서 일어난 출혈 때문에 나는 걷지도 말하지도 읽지도 쓰지도 기억하지도 못하는 장애인이 되어버렸다.

뇌졸중이 찾아온 아침

1996년 12월 10일 아침 7시, 나는 CD플레이어가 작동을 시작하려고 탁탁거리는 익숙한 소리에 눈을 떴다. 졸린 눈을 비비며 일어나 일시 정지 버튼을 누른 후 다시 꿈나라로 미끄러져 들어갔다. 내가 '세타빌Thetaville'이라고 부르는 이 마법의 나라는 꿈과 삭막한 현실 사이의 어딘가에 있는 말랑말랑한 의식이 머무는 초현실적인 공간이다. 이곳에서 내 영혼은 현실의 굴레에서 벗어나 아름답고 자유롭게 둥둥 떠다닌다.

6분 뒤, 다시 탁탁거리는 CD 소리가 들려왔다. 그때 나는 내가 육지의 포유동물이라는 사실을 떠올렸다. 느릿느릿 몸을 일으키자 왼쪽 안구 뒤를 누군가가 날카로운 것으로 찌르는 듯한 고통이 밀려왔다. 가늘게 눈을 뜨고 이른 아침 햇살을 쳐다보며 오른손으로 요란스레 울려대는 알람을 껐다. 이어 본능적으로 왼손 손바닥을 얼굴 옆에 갖다 댔다. 평소 잔병치레 없는 건강 체질이라 갑자기 찾아온 극심한 고통이 어딘가 수상쩍었다. 왼쪽 눈 부근에서 느리고 규칙적인 맥박이 뛰는 게 느껴졌다. 당혹스럽고 짜증이 났다. 눈 뒤의 고통은 점점 심해져서 화끈거릴 정도였다. 가끔 아이스크림을 베어 물 때처럼 싸한 감각이 몰려오기도 했다.

따뜻한 물침대에서 일어나 상처 입은 군인처럼 비틀거리며 밖으로 나갔다. 눈을 찌르는 햇살을 피하려고 침실 창문의 블라인드를 내렸다. 운동을 하면 피가 제대로 돌아 고통이 사라질지도 모른다는 생각이 들었다. 그래서 음악을 틀고 러닝머신에 올라가 샤니아 트웨인의 노래 〈Whose bed have your boots been under?〉에 맞춰 뛰기 시작했다. 곧바로 몸이 분리되는 것 같은 희한한 감각이 정신없이 밀어닥쳤다. 이러다 내 몸이 어떻게 되는 것은 아닌가 걱정될 만큼 이상한 기분이었다. 의식은 명료했지만 몸이 제대로 말을 듣지 않았다. 저절로 손과 팔이 앞뒤로 흔들리고 몸통과 엇갈리는 것을 보고 있자니 내 몸이 정상적인 인식 기능을 잃어버린 듯했다. 긴밀하게 조화를 이루고 있던 몸과 뇌의 연결에 문제가 생긴 것이 분명했다. (참고로 이 책에 등장하는 모든 그림은 왼쪽이 뇌의 앞부분이다.)

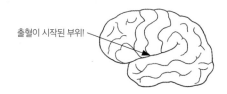

출혈이 시작된 부위!

내가 나의 행동을 결정하고 실행하는 적극적인 참여자가 아니라 그저 지켜보는 관찰자가 된 듯했다. 기억의 테이프를 되돌리듯 나 자신이 움직이는 모습을 바라보았다. 난간을 부여잡은 손가락들이 원시 동물의 발톱처럼 보였다. 몇 초 동안 내 몸이 리듬감 있게 기계적으로 이리저리 흔들렸다. 나는 경이로운 마음으로 그 광경을 지켜보았다. 몸통이 음악과 완벽한 보조를 이루며 위아래로 움직이고 있었는데, 그 와중에도 두통은 계속되었다.

기분이 묘했다. 마치 내 의식이 현실과 비밀스러운 공간 사이의 어딘가에 걸려 있는 것 같았다. 이날 아침 세타빌 상태에 있을 때와도 비슷했지만, 이번에는 스스로 깨어 있다는 것을 분명히 인식하고 있었다. 그런데도 멈출 수도 도망칠 수도 없는 몽롱한 의식 안에 갇힌 기분이었다. 얼떨떨했고 욱신거리는 머릿속의 고통은 갈수록 심해져 갔다. 운동으로 몸 상태를 조절해보겠다는 생각은 좋은 아이디어가 아니었음을 깨달았다.

러닝머신에서 내려와 비틀거리며 거실을 지나 욕실로 향했다. 걸어가는 동안 내 움직임이 부자연스럽다는 것을 알아챘다. 동작 하나를 취하는 데도 몹시 힘들었고 경련이 일어난 것처럼 실룩거렸다. 근육이 정상적으로 움직여지지 않아 동작이 꼴사나워 보였고, 균형감을 잃은 탓에 똑바로 서 있는 것도 버거웠다.

다리를 들어올려 욕조 안으로 들어가면서 넘어지지 않으려고 벽을 짚었다. 혹시라도 넘어질까 봐 뇌 스스로 맨 아래 서로 반대되는 근육들을 세밀하게 조정하고 있는 몸속의 움직임을 감지할 수 있다니 신기했다. 신체의 이런 자동 반응은 어떤 지적인 능력으로 파악한 게 아니었다. 뇌와 몸에 있는 50조 개에 달하는 세포들이 내 신체를 그 모습 그대로 유지하기 위해 호흡을 맞춰 일사불란하게 일하고 있다는 사실을 경험을 통해 순간적으로 터득한 것이었다. 인간의 몸이 얼마나 오묘하게 설계되었는지 누구보다 잘 아는 나는 관절 하나하나의 각도를 계산하고 또 계산하는 신경계의 자율 기능을 경외에 찬 눈으로 바라보았다.

내 몸이 얼마나 위험한 상태인지 아직 모르는 채로 욕실 벽에 몸을 기대고 균형을 잡았다. 몸을 앞으로 숙여 수도꼭지를 틀자 갑작스레 욕조 안으로 물이 콸콸 쏟아졌다. 그 물소리에 깜짝 놀랐다. 물소리가 예기치 않게 크게 들려 정신이 바짝 들었고 한편으로 혼란스러웠다. 근육 사이의 협응과 평형에 문제가 있을 뿐더러 청각 정보를 처리하는 능력에도 이상이 생겼음을 깨달은 것이다.

나는 신경해부학자로서 근육의 협응과 평형 능력, 청력이 뇌간의 뇌교를 통해 처리된다는 것을 떠올렸다. 그제야 처음으로 내가 생명에 위협이 되는 심각한 신경학적 기능 부전을 겪고 있는지도 모르겠다는 생각이 들었다.

나는 뇌 안에서 벌어지고 있는 일을 이성적으로 설명해보려 애썼다. 그러는 동안 콸콸거리는 물소리는 소음이 되어 예민하고 저릿저릿한 뇌를 파고들었다. 나는 비틀거리며 뒷걸음을 쳤다. 순간 내가 완전한 무방비 상태에 놓인 것처럼 느껴졌다. 주위의 것들에 대해 정보를 주던 뇌의 쉼 없는 재잘거림brain chatter도 더 이상 예측 가능하고 친숙한 흐름이 있는 내용이 아니었다. (우리의 뇌는 좌뇌의 언어 중추를 통해 우리에게 계속 말을 건넨다. 나는 이런 현상을 '뇌의 재잘거림'이라 부른다.) 이제 내 언어적 사고는 앞뒤가 맞지 않았고, 침묵에 의해 수시

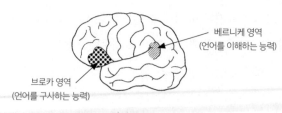

베르니케 영역
(언어를 이해하는 능력)

브로카 영역
(언어를 구사하는 능력)

언어 중추

로 뚝뚝 끊겼다.

아파트 창문 너머 저 멀리서 들려오는 부산스러운 도시의 소음을 포함하여 내 몸 바깥에서 일어나는 자극에 대한 감각들이 희미해졌다. 정상적으로 관찰할 수 있는 범위가 좁아진 것이다. 뇌의 재잘거림이 무너지기 시작하자 낯선 고립감이 밀려왔다. 뇌출혈 때문에 혈압이 뚝 떨어진 게 분명했다. 동작을 조정하는 능력을 비롯해서 내 몸의 모든 체계가 느리게 작동하는 듯했다. 외부 세계에 대한 뇌의 재잘거림이 중단되면서 세계와 나를 잇는 연결 고리도 끊어졌지만, 그럼에도 내 의식은 살아 있었고 나는 내 마음속에 계속 존재했다.

당혹감에 휩싸인 나는 몸과 뇌의 기억 창고를 뒤져 예전에 이와 조금이라도 비슷한 상황을 경험한 적이 있는지 떠올려보려고 했다.

'왜 이러지? 예전에 이런 경험을 한 적이 있었나? 이런 기분이 든 적이 있었나? 마치 편두통 같아. 뇌 속에서 대체 무슨 일이 벌어지고 있는 거야?'

집중하려고 애쓸수록 생각들이 휙휙 지나가 버렸다. 내게 필요한 대답과 정보를 찾을 수 없었다. 대신 서서히 마음의 평화가 찾아왔다. 내 삶과 나를 단단히 묶어놓았던 끊임없는 뇌의 재잘거림이 잦아들자 그 자리에 평온한 행복감이 밀려와 나를 포근하게 감싸 안았다. 두려움을 담당하는 뇌 부위인 편도체가 이런 낯선 상황에 놀라 나를 공포 상태로 몰아가지 않은 것은 정말 다행이었다. 좌뇌의 언어 중추가 침묵하고 삶의 기억들이 저편으로 멀어지면서 편안한 감정이 찾아왔다. 고차원적인 인지능력과 일상과 관련된 세세한 부분들이 기억에서 사라지자 내 의식은 모든 것을 다 아는 전지의 수준으로 도약한 것 같았다. 마치 우주와 '하나가 된' 듯했다.

이 무렵 나는 주위를 둘러싼 3차원의 물리적 현실과 거의 연결이 끊긴 상태였다. 욕실 벽에 몸을 기대고 섰는데, 내 몸이 어디서 시작하고 끝나는지 경계를 명확히 분간할 수 없었다. 몸의 구성 성분이 고형의 덩어리가 아니라 액체인 듯했다. 더 이상 나를 독자적인 대상으로 지각할 수 없었다. 손가락들을 맘대로 섬세하게 조종할 수도 없었다. 몸뚱이가 천근만근 무거웠고 기력이 약해졌다.

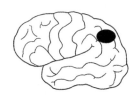

정위연합 영역(신체 경계, 공간과 시간)

샤워기의 물방울들이 작은 총알처럼 가슴을 때리자 나는 다시 현실로 돌아왔다. 손을 얼굴 앞으로 끌어올려 손가락을 움직여보았다. 당혹스러우면서도 한편 흥미로웠다.

'우아, 나란 존재는 얼마나 신비하고 놀라운지 몰라. 참으로 독특한 생명체야. 생명체! 나는 살아 있어! 얇은 막으로 된 주머니 속에 들어앉아 바다를 달리는 것 같잖아! 나는 생각하는 마음 자체이고, 이 몸은 내가 살아가는 수단이지! 나는 하나의 마음을 나눠 갖고 있는 수십조 개의 세포들이야. 이렇게 생명을 누리며 살아가고 있어. 정말 놀랍지! 세포들로 이루어진 생명체. 아니지, 오묘한 재주도 있고 생각하는 능력을 가진 분자들로 이루어진 생명체라고 해야지!'

몸의 상태가 이렇게 변하자 내 삶을 규정하고 지휘하기 위해 뇌가 항상 챙기던 외부 세계의 수많은 일들이 더는 신경 쓰이지 않았다. 바깥세상과의 관계를 계속 일깨워주던 뇌의 재잘거림도 잠잠해졌다. 작은 목소리들이 사라지자 과거의 기억과 미래의 꿈도 날아가 버렸다. 나는 혼자였다. 순간순간 고동치는 심장박동의 리듬만이 느껴질 뿐이었다.

외상을 입은 뇌에 구멍이 점점 커져가는 것이 무척이나 매혹적인 경험이었음을 여기서 밝혀두고자 한다. 한때 중요해 보였던 세상사가 이제는 보잘것없게 여겨졌다. 그 보잘것없는 세상의 일에 나를 얽어매던 재잘거림이 멈추고 침묵이 찾아왔다. 이제 신경의 초점을 내부로 돌린 나는 신체 기능을 유지하기 위해 수십억 개의 똑똑한 세포들이 힘을 합쳐서 열심히 일하며 내는 규칙적인 고동 소리에 귀를 기울였다. 피가 뇌 사이로 흘러들자 내 의식이 서서히 속도를 줄여 거대하고 멋진 세상을 품 안에 끌어안으며 차분하고 만족스러운 상태가 되었다. 내 물리적 존재를 이 상태로 유지하기 위해 작은 세포들이 매 순간 얼마나 열심히 일하고 있는지 느꼈다. 그 사실 자체에 매료되었을 뿐만 아니라 겸허한 마음이 찾아왔다.

살아서 움직이는 조직들로 복잡하게 구성된 내 몸과 처음으로 일체감을 느꼈다. 내가 지성적 능력을 지닌 수많은 세포들로 가득찬 존재임을 깨닫게 되자 어찌나 자랑스럽던지! 사라지지 않는 혹독한 머리 통증은 힘겨웠지만, 나는 정상적인 지각을 넘어 새로운 경험을 안겨주는 이 기회를 놓치기 싫었다. 의식이 평온한 상태로 빠져들자 마치 하늘나라에 온 것만 같았다.

가슴을 때리는 물방울 세례를 맞으며 욕조에 서 있자니 어느 순간 따끔거리는 통증이 가슴을 지나 목구멍까지 차올랐다. 깜짝 놀란 나는 내가 커다란 위험에 처했다는 것을 깨달았다. 의식을 현실로 되돌려 내 몸 상태가 얼마나 비정상적인지 점검했다. 대체 무슨 일이 벌어지고 있는지 알아야 했다. 자가 진단을 할 요량으로 과학적 지식들이 저장된 머릿속을 적극적으로 뒤지기 시작했다.

'내 몸에서 무슨 일이 벌어지고 있는 거지? 뇌 속의 어디가 잘못된 거야?'

정상적인 인지의 흐름이 뚝뚝 끊겨 사실상 아무것도 할 수 없었지만 가까스로 몸이 무너져 내리지 않게 버틸 수는 있었다. 욕조에서 나오자 뇌가 취한 듯 얼얼했다. 몸이 불안정했고 무거워서 동작이 한없이 느려졌다.

'내가 지금 뭘 하려는 거지? 아, 옷을 입어야 해. 출근해야지.'

옷을 고르느라 무진 애를 썼고, 8시 15분에야 출근 준비를 마칠 수 있었다. 방 안을 서성거리며 생각했다.

'좋아, 이제 일하러 가야지. 일하러 가는 거야. 그런데 어떻게 출근하지? 내가 운전할 줄 알았었나?'

연구소까지 가는 길을 머릿속에 떠올리고 있을 때, 갑자기 오른쪽 팔이 마비가 되어 옆으로 풀썩 떨어지며 균형을 잃었다. 그 순간 알았다.

'맙소사, 뇌졸중이야! 내가 뇌졸중에 걸렸어!'

그리고 다음 순간, 이런 생각이 스쳤다.

'우아, 이거 멋진데!'

일시적으로 황홀한 마비 상태에 빠졌다. 내가 이렇게 복잡한 뇌의 작용을 예기치 않게 들여다볼 수 있었던 것이 실은 다 생리적 이유를 알고 있어서였다는 생각이 들자 묘하게 우쭐한 기분이 되었다. 나는 계속 생각했다.

'자신의 뇌 기능을 연구하고 그것이 무너져 내리는 과정을 들여다보는 기회를 가진 과학자들이 얼마나 될까?'

나는 인간의 뇌가 현실을 인지하는 과정을 이해하는 데 평생을 바쳤다. 그리고 이제 이렇게 놀라운 통찰을 안겨주는 뇌졸중을 겪고 있는 것이었다!

오른쪽 팔이 마비된 순간 팔다리에 있던 생명력이 빠져나갔다. 팔이 맥없이 떨어지며 몸통을 쳤다. 평생 그렇게 기묘한 기분은 처음이었다. 마치 내 팔이 털썩 잘려나가는 것 같았다고나 할까!

나는 뇌의 운동피질이 손상되었음을 알 수 있었다. 다행히 몇 분 뒤, 오른팔의 마비 증세가 약간 누그러졌다. 팔다리에 다시 활기가 돌면서 욱신거리기 시작했다. 엄청난 고통이었다. 온몸에 힘이 없었다. 원래의 힘이 팔에서 싹 빠져나갔지만 그래도 동강난 토막처럼 움직이는 것은 가능했다. 과연 다시 정상으로 회복할 수 있을까 걱정되

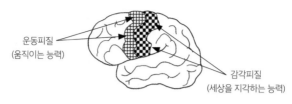

운동피질
(움직이는 능력)

감각피질
(세상을 지각하는 능력)

동작 지각과 감각 지각

었다. 뉴잉글랜드의 차가운 겨울 아침에 출렁거리는 따뜻한 물침대를 보자 침대가 나를 유혹하는 듯했다.

'아, 피곤해. 너무 피곤해서 조금 쉬고 싶어. 잠깐만 누워서 쉬면 좋겠다.'

하지만 내 존재 깊은 곳에서 천둥처럼 우렁찬 목소리가 이렇게 분명히 말했다.

'지금 누워서 쉬면 영원히 일어날 수 없어!'

이런 불길한 깨달음에 놀란 나는 지금이 얼마나 심각한 상황인지 헤아려보았다. 당장 온 힘을 다해 도움을 청해야 했다. 거울에 비친 눈동자를 마주보며 좋은 방법이 없을까 잠시 생각했다. 이렇게 뇌세포가 망가지자 생물학적으로 절묘하게 설계된 내 몸은 귀중하고도 허약한 선물이라 생각되었다.

세포들의 거대한 덩어리인 내 몸은 그저 멋진 임시 거처인 셈이었다. 이 놀라운 뇌는 매 순간 말 그대로 수십, 수백조 개의 엄청난 자료들을 통합해, 매끈하고 사실적이며 안전해 보이는 3차원 지각을 만들어내는 것이다. 이런 생각을 하자 내 형태를 만들어낸 생물적 모체의 효율성이 나를 감탄시켰고, 설계의 단순함에 경외심마저 들었다. 외부 세계에서 흘러드는 잡다한 감각들을 통합할 수 있는 수많은 세포들의 집합이 바로 나였다. 그리고 이 시스템이 정상적으로 작동하면 현실을 지각할 수 있는 의식이 자연스럽게 생겨났다. 이 몸, 이 상태로 그토록 오랜 세월을 보냈으면서도 어떻게 지금껏 내가 그저 방문객에 지나지 않는다는 사실을 몰랐는지 이해할 수 없었다.

이런 상황에서도 자기 본위적인 왼쪽 뇌는 비록 내가 정신적으로 불구가 되어가고 있지만 내 삶은 끄떡없다는 믿음을 오만하게 유지했다. 이날 아침에 일어난 비극 속에서도 나는 완전히 회복할 수 있다고 생각했다. 하루 일과가 예상치 못한 방향으로 망가지자 약간 짜증이 나서 이렇게 중얼거렸다.

'좋아, 나는 뇌졸중에 걸렸어. 그래, 뇌졸중이야……. 하지만 나는 할 일이 많은 여자야! 뇌졸중이 일어나는 것을 막을 수 없다면, 좋아, 일주일만 쉬자! 나의 뇌가 현실 지각 능력을 어떻게 만들어내는지 이 기회에 다 알아내서 다음 주부터 일과에 복귀하는 거야. 자, 그럼 이제 어떻게 하지? 일단 도움을 청해야겠어. 집중력을 잃지 말고 도움을 청하자.'

거울에 비친 내 모습을 보며 이렇게 마음을 다잡았다.

'네가 지금 겪고 있는 모든 것을 다 기억해! 이 뇌졸중 경험을 기회로 삼아서 인지능력이 어떻게 무너져 내리는지 제대로 살펴보는 거야.'

셋.

응급 전화를 걸기까지

내가 겪고 있는 뇌졸중이 정확히 어떤 유형인지 몰랐지만, 아무튼 내 머릿속에서 터진 선천적 동정맥 기형은 다량의 혈액을 좌뇌에 쏟아냈다. 피가 왼쪽 대뇌피질에서 생각을 담당하는 중추로 흘러들어 가면서 내게 한때 무척이나 소중했던 고차원적 인지능력이 사라져갔다. 뇌졸중이 일어나면 신속하게 병원에 가야 한다는 사실을 기억해낸 것이 다행이라면 다행이었다. 하지만 도움을 청하는 일도 만만치 않았다. 집중하는 것이 거의 불가능했기 때문이다. 제멋대로 머릿속을 들락날락하는 생각을 붙잡으려고 안간힘을 썼지만, 안타깝게도 계획을 실행하기 위해 필요한 생각들을 계속 붙들고 있기가 어렵다는 것을 인정할 수밖에 없었다.

지금까지 내가 세상에서 제대로 살아갈 수 있도록 서로 힘을 합쳐 세심하게 작용하던 양측 반구가 이제 좌뇌와 우뇌 본연의 기능 차이와 비대칭 때문에 문제를 일으키고 있었다. 왼쪽 뇌의 언어 능력과 계산 능력이 내게서 멀어져가는 기분이었다. 내 숫자는 어디에 있을까? 내 언어는?

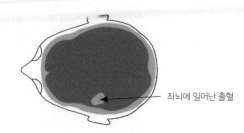

좌뇌에 일어난 출혈

뇌졸중이 일어난 아침에 촬영한 뇌 CT 영상

좌뇌의 지시가 끊겨 순차적인 사고를 이어갈 수 없게 되자 외부 세계를 인지하는 일이 버거워졌다. 경험이 하나씩 흘러들면서 과거, 현재, 미래로 구분되는 게 아니라 모든 순간이 독자적으로 제각각 고립된 채로 존재하는 듯했다. 나는 순간과 순간 사이의 인지적 연결 고리를 유지하기 위해 고군분투했다. 나의 뇌가 전하는 유일한 메시지에 반복적으로 매달렸다.

'내가 뭘 하려는 거지? 도움을 청하자. 계획을 세우고 도움을 청하는 거야. 지금 내가 뭘 하고 있지? 도움을 청하기 위한 계획을 세워야 해. 그래, 나는 도움이 필요해.'

뇌졸중이 일어나기 전까지만 해도 나의 뇌는 정상적인 정보 열람을 다음과 같은 식으로 처리했다.

내가 뇌의 중앙에 앉아 있고 파일 캐비닛들이 일렬로 정렬되어 있다. 어떤 생각이나 아이디어나 기억을 찾고 싶으면 우선 캐비닛을 쭉

훑어보고 정확한 서랍을 살핀다. 그리고 원하는 파일을 찾아서 열면 그 안에 들어 있는 모든 정보를 열람할 수 있다. 원하는 정보를 바로 찾지 못하면 뇌를 다시 검색해서 결국 올바른 자료를 찾아낸다.

하지만 이날 아침에는 정보 처리 방식이 완전히 뒤틀려버렸다. 뇌 안에 파일 캐비닛들이 여전히 정렬되어 있었지만, 서랍이 죄다 닫힌 데다 캐비닛은 내 손이 미치지 못하는 저 멀리에 있었다. 내가 다 아는 것들이었고, 많은 정보가 저장되어 있다는 것도 분명히 알고 있었다. 하지만 어디 있는 거지? 정보는 여전히 거기 있는데 도저히 불러올 수 없었다. 내가 다시 언어적 사고를 하거나 내 삶의 기억들을 떠올릴 수 있을까? 내게서 이에 해당하는 부분이 영영 사라진 게 아닌가 싶었다. 슬픈 일이었다.

언어와 순차적 처리 능력이 사라지자 내가 이제까지 살았던 삶과 단절된 기분이 들었다. 인지능력과 포괄적인 개념은 물론 시간 감각 또한 사라졌다. 과거의 기억을 더 이상 떠올릴 수 없었다. 내가 누구이고 여기서 무엇을 하는 존재인지도 파악이 되지 않았다. 마치 고동치는 나의 뇌를 바이스 사이에 넣고 나사를 조이는 듯했다. 그리고 시간의 흐름이 사라진 상태에서 현실에 속한 몸의 경계가 무너져 내리면서 우주와 하나로 녹아들기 시작했다.

출혈이 왼쪽 뇌의 정상적인 기능을 방해하자 정보를 분류하고 세부 문제에 집착하는 나의 지각도 자유로워졌다. 좌뇌를 지배하는 신경섬유들의 기능이 멈추면서 더 이상 우뇌를 억제하지 않았고, 내 의식은 세타빌 상태와 놀랄 정도로 흡사한 상태에 빠져들었다. 잘은 모르지만, 불교도들이라면 아마도 열반에 접어들었다고 말할 것이다.

좌뇌의 분석적 판단 능력이 상실된 상태에서 평온과 안락, 축복과 행복, 충만의 감정이 나를 휘감았다. 그러면서 내 일부는 고통으로 신음하는 신체의 결박에서 완전히 풀려나기를 간절히 바랐다. 하지만 이런 끈질긴 유혹에도 불구하고, 내 안의 무언가는 도움을 청하기 위한 노력을 멈추지 않았다.

비틀거리며 서재로 들어온 나는 빛이 번개처럼 뇌를 태우는 듯해서 조명의 밝기를 낮췄다. 지금 여기서 무엇을 하려는지 집중할수록 머릿속의 욱신거림이 심해졌다. 주의력을 놓치지 않고 더듬더듬 정신을 차리는 것만도 버거웠다.

'내가 뭘 하고 있지? 여기서 뭐 하는 거야? 도움을 청하자. 도와달라고 해야겠어!'

한 순간 또렷하게 생각했다가(나는 이를 '명료한 물결'이라 부른다) 다음 순간 전혀 생각이 나지 않는 과정이 반복되었다.

내가 알고 있는 삶과의 연결 끈이 끊어지자 불안했지만, 한편으로 인지능력이 체계적으로 무너져 내리는 광경을 지켜보는 것은 상당히 매혹적이었다. 좌뇌 뒤에서 똑딱거리던 시계, 나로 하여금 여러 생각들의 순서와 논리를 세우게 했던 시계가 이제 멈췄으므로 시간이 정지한 것이나 마찬가지였다. 순차적으로 차근차근 관계를 살피고, 세상을 탐험하게 해주던 뇌의 활동이 사라지자 나는 고립된 순간에서 고립된 순간으로 떠돌고 있었다. 'A'와 'B'는 더 이상 관계가 없었고, '하나'와 '둘'은 서로 무관한 존재였다. 둘 사이를 연결하려면 지성의 작용이 필요했는데 내 마음은 더 이상 이를 수행하지 못했다. 아주 간단한 계산조차 불가능했다. 그저 당혹스러운 심정으로 생각이 불쑥 떠오르거나 명료한 물결이 밀려오기를 기다릴 뿐이었다. 나를 외부 현실과 연결시켜줄 생각이 언젠가는 떠오르겠지 기대하며 마음속으로 이 말만 되풀이했다.

'내가 대체 무엇을 해야 하지?'

당시 나는 왜 응급 전화를 걸지 않았을까? 두개골 안에서 커져가고 있던 출혈 부위는 숫자의 이해를 담당하는 영역 바로 위였다. 9-1-1이라는 코드를 인식하는 뉴런들이 피 웅덩이에서 헤엄치고 있었기 때문에 그 개념이 더는 존재하지 않았던 것이다. 그렇다면 왜 아래층으로 내려가서 집주인에게 도움을 청하지 않았을까? 출산휴가 중이라 집에 있었던 그녀는 기꺼이 나를 병원으로 데려다주었을 텐데. 하지만 주위 사람들과 맺어온 관계의 큰 그림에서 한 자리를 차지하는 그녀의 파일도 더 이상 존재하지 않았다. 거리로 나가 모르는 사람에게 도움을 청하는 것은 어땠을까? 그런 생각은 결코 떠오르지 않았다. 이런 무능한 상황에서 내가 할 수 있는 유일한 선택은 어떻게 하면 도움을 청할 수 있는지 기억해내려고 발버둥치는 것밖에 없었다.

그저 앉아서 마냥 기다렸다. 전화기 옆을 떠나지 않고, 침묵 속에서 기다렸다. 제멋대로 내 머릿속을 들락날락거리며 나를 괴롭히는 변덕스러운 생각들을 하면서. 명료한 물결이 밀려오기만을 기다렸다. 속으로 이런 생각을 했다.

'내가 뭘 하고 있지? 도움을 청하자. 도움을 청하자. 도와달라고 하자!'

혹시나 다시 명료한 물결을 의식적으로 불러올 수 있을까 기대하면서 내 앞의 책상에 전화기를 놓고 쳐다보았다. 숫자를 떠올리려고 애쓰면서 주의력을 모으자 뇌가 텅 빈 듯 느껴졌고 다시 욱신거리기 시작했다. 맥박이 쿵쿵 뛰었다. 맙소사, 뇌를 다쳤어. 그때 순간적으로 숫자 하나가 마음의 눈을 스치고 지나갔다. 어머니의 집 전화번호였다. 내가 기억할 수 있다는 게 어찌나 감격적이던지! 숫자를 기억할 뿐만 아니라 그것이 누구의 번호인지도 알 수 있다니 참으로 놀라웠다! 그리고 이렇게 아찔한 상황에서 어머니가 1,600킬로미터 떨어진 곳에서 살고 있다는 걸 깨달은 것도 대단했다. 하지만 어머니에게 연락하는 일은 적절한 방법이 아니었다. 나는 생각했다.

'아니야, 엄마한테 연락해서 뇌졸중이 일어났다고 말할 수는 없어! 너무 끔찍해! 아마 기겁해서 쓰러질 거야! 다른 방법을 생각해야겠어!'

정신이 명료해진 순간, 하버드 뇌조직 자원센터에 연락하면 동료들이 도와줄 거라는 생각이 들었다.

'직장 전화번호만 기억나면 되는데.'

지난 2년 동안 나는 전국 강연을 돌며 청중들에게 '정보가 필요한 분은 1-800-뇌 은행으로 연락해요!'라는 가사의 노래를 불렀다. 하지만 이날 아침에는 모든 기억이 내 손이 미치지 못하는 곳에 있었다. 내가 누구고 무엇을 하려는지만 희미하게 생각날 뿐이었다. 참으로 얄궂은 일이었다. 뿌연 안개에 싸인 듯 흐릿한 정신 상태로 책상 앞에 앉아 다음과 같이 골똘히 생각하며 마음을 달랬다.

'직장 전화번호가 뭐더라? 내가 어디서 일하지? 뇌 은행. 맞아, 뇌 은행에서 일하지. 자원센터 전화번호가 어떻게 되지? 내가 무엇을 하고 있지? 도움을 구해야 해. 직장에 전화를 걸자. 그래, 직장 전화

번호가 어떻게 되더라?'

지금까지 외부 세계에 대한 나의 정상적인 지각은 좌뇌와 우뇌가 끊임없이 정보를 서로 주고받음으로써 성공적으로 이루어졌다. 피질의 기능 분화 때문에 양쪽 뇌가 맡은 기능이 조금씩 다른데, 이것이 하나로 합쳐질 때 뇌는 외부 세계에 대한 사실적인 인식을 정확히 구성해냈다. 우뇌는 아이디어와 개념의 큰 그림을 이해하는 일에 능숙했고, 좌뇌는 개별 사실과 세부 사항을 기억하기 위해 부단히 애썼다. 그래서 나는 전화번호를 기억할 때면 임의적으로 연결된 숫자를 무작정 외우지 않았다. 대신 숫자 연결에 어울리는 패턴, 주로 시각적 패턴을 자동으로 만들어냈다. 전화번호의 경우 나는 주로 숫자를 누를 때 손가락이 움직이는 패턴을 기억한다. 내가 만약 다이얼을 돌려서 거는 전화기를 사용하는 세대였다면, 전화번호를 기억하는 일이 훨씬 힘겨웠을 것이다!

어린 시절 내내 나는 사물을 범주에 따라 구별하는 일좌뇌보다 직관적으로 관계 맺는 일우뇌에 훨씬 관심이 많았다. 언어좌뇌보다는 그림우뇌의 관점에서 생각하는 것을 더 좋아했다. 그러다가 대학에 들어가 해부학에 관심을 가지면서 내 머리는 세세한 것을 기억하고 떠올리는 일에 능숙해졌다. 감각과 시각, 패턴 연상 전략을 활용하여 정보를 처리한 어린 시절 이후로 내 지식의 촘촘한 그물망이 긴밀하게 연결된 것이다.

이런 식의 학습 체계가 무너진 것은 연결망의 모든 요소가 제 기능을 잃고 상호작용을 하지 못하게 되었기 때문이다. 이날 아침 나는 직장 전화번호를 떠올리면서 전화번호에 뭔가 독특한 패턴이 있었다는 것을 기억해냈다. 예컨대 내 번호가 1-0으로 끝나면 내 상사의 번호는 정반대인 0-1로 끝나고 동료의 번호는 그 중간의 숫자라는 식이었다. 하지만 좌뇌가 피 웅덩이에서 허우적대고 있으니 상세한 정보에 접근할 수 없었다. 나는 생각했다.

'01과 10 사이에 뭐가 있지?'

전화기의 번호판을 보면 혹시 도움이 될까 싶었다. 전화기를 앞에 놓고 몇 분 동안 책상에 가만히 앉아 명료한 물결이 다가오기를 기다렸다. 또다시 생각했다.

'직장 전화번호가 어떻게 되지? 직장 전화번호가 뭐였더라?'

몇 분 동안 전화기를 잡고 헛수고를 한 끝에 마침내 숫자 4개가 불현듯 떠올랐다. 2405! 2405! 나는 머릿속으로 계속 반복했다.

'2405!'

잊어버리지 않도록 힘이 떨어진 왼손으로 펜을 들어, 마음속에서 본 이미지를 재빨리 종이에 적었다. 숫자 2는 2가 아니라 갈겨쓴 곡선에 가까웠다. 다행히도 전화기 번호판의 2는 내 마음속의 2와 생김새가 비슷했다. 그렇게 해서 머릿속에 떠오른 숫자를 종이에 끼적였다. 2405. 그 와중에도 나는 이것이 번호의 일부일 뿐이라는 것을 알 수 있었다. 그래서 다시 생각했다.

'나머지 숫자가 어떻게 되지? 앞에 붙는 숫자가 있었는데.'

이런 곤경에 빠지자 일할 때 내선 번호를 사용하는 게 꼭 좋은 것만은 아니라는 생각이 들었다. 평소에 번호를 전부 다 사용하지 않으니까 앞의 숫자를 인식하는 패턴이 나머지 숫자를 인식하는 패턴과 같은 파일에 저장되지 않았던 것이다. 그래서 나는 정보를 떠올리는 임무로 돌아와 이렇게 질문했다.

'전화번호의 앞 숫자가 어떻게 되더라?'

나는 평생 232, 234, 332, 335처럼 낮은 숫자들이 앞에 배열된 전화번호를 사용하며 살았다. 하지만 머릿속에 휙휙 지나가는 어떤 것, 일말의 가능성이라도 붙잡으려고 하는 와중에 855라는 번호가 갑자기 떠올랐다. 처음에는 앞에 붙는 숫자치고 너무 높아서 말도 안 된다고 생각했다. 하지만 지푸라기라도 잡아야 했다. 명료한 물결이 또다시 오기를 기대하며 내 앞의 책상을 말끔하게 치웠다. 이때 시각이 9시 15분쯤, 출근 시간에서 이제 겨우 15분 늦은 터였으므로 내가 보이지 않는다고 신경 쓸 동료는 아직 없었다.

피곤했다. 전화기 앞에 앉아 기다리자니 온몸이 산산조각 나서 금방이라도 쓰러질 것 같았다. 우주와 하나가 된 듯한 포근한 감정이 계속 밀려와 정신을 어지럽혔지만, 그래도 나는 도움을 청하기 위해 발버둥쳤다. 마음속으로 지금 해야 할 일과 말해야 할 것을 계속 연습했다. 하지만 내가 하려는 일에 정신을 집중하는 것은 미끈거리는 생선을 붙잡는 것만큼이나 어려웠다. 먼저 생각을 마음속에 붙들어두자. 그리고 그 생각을 실행하자. 주목해. 생선을 꽉 붙잡는 거야. 이것이 전화기야, 알았지? 정신을 놓치지 마. 명료한 물결이 다시 밀려올 때까지! 나는 마음속으로 연습을 반복했다.

'질인데요. 도움이 필요해요! 질인데요. 도움이 필요해요!'

누구에게 어떻게 도움을 청해야 할지 생각하는 데만도 45분이라는 시간이 흘렀다. 명료한 물결이 다시 밀려왔을 때, 종이에 끼적거린 숫자를 전화기 번호판에 붙어 있는 숫자와 하나하나 맞추어가며 전화를 걸었다. 다행히도 동료이자 좋은 친구인 스티브 빈센트가 자리에 있었다. 그가 수화기를 들고 말하는 것이 들렸지만 나의 뇌는 그의 말을 해석하지 못했다.

'맙소사, 그의 목소리가 꼭 골든레트리버처럼 들리잖아!'

좌뇌가 더 이상 언어를 알아듣지 못하고 있었다. 그래도 다른 사람에게 연락해서 이렇게 말할 수 있다는 게 다행이었다.

"나는 질이야! 도와줘!"

정말 그렇게 말했는지는 모르겠지만, 적어도 그렇게 말하려고 노력한 건 사실이다. 아마 입에서 흘러나온 말은 으르렁대는 신음 소리에 가까웠겠지만, 다행히 스티브가 내 목소리를 알아챘다. 내가 곤란한 일을 겪고 있다는 것도 이해했다. 오랜 세월 나와 함께 연구실 복도를 오가며 언성을 높였던 덕분에 내가 꽥꽥거리는 소리를 알아들은 모양이다!

내가 제대로 말하지 못한다는 사실을 깨달았을 때 얼마나 놀랐는지 모른다. 마음속으로는 내가 또박또박 말하는 것을 들을 수 있었

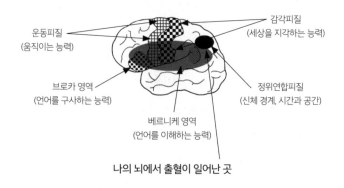

운동피질
(움직이는 능력)

감각피질
(세상을 지각하는 능력)

브로카 영역
(언어를 구사하는 능력)

정위연합피질
(신체 경계, 시간과 공간)

베르니케 영역
(언어를 이해하는 능력)

나의 뇌에서 출혈이 일어난 곳

지만, 목구멍에서 소리가 나오는 순간 뇌 속의 단어와 들어맞지 않았다. 생각 이상으로 좌뇌가 망가졌다는 사실을 깨닫자 혼란스러웠다. 좌뇌는 스티브가 말한 단어의 의미를 해석하지 못했지만, 우뇌는 그의 부드러운 목소리 톤을 듣고 그가 나를 도와주려 한다고 판단했다.

그제야 나는 편안하게 마음을 놓을 수 있었다. 이제 그가 어떻게 할지 세세하게 알 필요는 없었다. 목숨을 구하기 위해 내가 할 수 있는 일은 다했다. 그가 나를 도우러 와주기를 기다리는 수밖에.

넷.

깊은 침묵 안에서

마음이 침묵하고 있는 가운데 스티브가 도와주러 온다는 생각에 흡족해진 나는 성공적으로 도움을 청했다며 안도했다. 마비된 팔은 부분적으로 감각이 돌아오고 있었다. 통증이 다 가시지는 않았지만 완전히 회복되리라 믿었다. 이런 당황스러운 상황에서도 주치의를 만나야 한다는 의무감이 들었다. 혹시나 잘못된 치료센터에 가서 내가 가입한 건강보험으로 비용을 치르지 못하게 될까봐 걱정이 되었다. 무척이나 비싼 응급처치를 받아야 할 게 분명했다.

지난 몇 년 동안 모은 명함들이 쌓여 있는 곳을 향해 멀쩡한 왼팔을 뻗었다. 6개월 전에 한 번 만났을 뿐인 주치의지만, 이름이 아일랜드계였던 기억이 났다.

'세인트 뭐였는데.'

연상되는 것을 뒤지기 시작했다. 마음의 눈으로 훑어보니 명함의 가운데 상단에 하버드 문장이 있었던 게 떠올랐다. 명함의 모양이 정확하게 기억나자 이런 생각이 들었다.

'징조가 좋아. 이제 의사의 명함을 찾아서 연락하기만 하면 돼.'

하지만 맨 위에 놓인 명함을 보는 순간 당혹감이 밀려왔다. 마음속으로는 내가 찾는 이미지를 분명하게 떠올릴 수 있었는데, 눈으로 보자 앞에 놓인 명함의 정보를 도무지 분간할 수 없었다. 나의 뇌는 더이상 글씨와 글씨를, 상징과 상징을, 심지어는 배경과 배경도 서로 구분하지 못했다. 그래서 명함이 화소로 구성된 추상적인 직물처럼 보였다. 전체 그림의 구성 요소들이 균일하게 뒤섞여 보였다. 가령 단어를 구성하는 점이 배경에 있는 점과 섞여 식별이 되지 않았다. 나의 뇌는 색깔과 모서리를 구별하는 일을 더 이상 감당하지 못했다.

낙담한 나는 외부 세계와 상호작용하는 능력이 생각보다 훨씬 심각하게 망가졌다는 것을 깨달았다. 정상적인 현실과의 연결 끈이 거의 풀린 상태였다. 나는 서로 다른 물체들을 시각적으로 구별하기 위해 의지했던 단서들을 더 이상 알아보지 못했다. 내 몸의 경계도 확실히 인식하지 못했고, 여기에 시간 감각마저 사라지자 나 자신이 이리저리 흐르는 유동체 같았다. 장기 기억은 물론 단기 기억마저 사라져 더 이상 내가 외부 세계에 안전하고 굳건하게 발을 디디고 있는 것 같지 않았다.

침묵의 마음 한가운데 멍하니 앉아 명함을 움켜쥐고는 내가 누군지, 내가 무엇을 하고 있는지 기억하려 했다. 하지만 그조차 버거운 일이었다. 외부 세계와의 연결을 찾으려 하다 보니 지금 내 상황이 얼마나 다급한지 잊어버렸다. 하지만 놀랍게도 나의 전두엽이 과제를 놓지 않으려고 고군분투했고, 덕분에 육체적 고통과 함께 찾아와 나를 현실로 밀어 넣는 명료한 물결을 여전히 활용할 수 있었다. 의식이 명료해지는 순간이 오면, 보고 확인하고 내가 무엇을 하고 있는지 기억하고 다양한 자극들을 구별해낼 수 있었다. 그렇게 차근차근 나아갔다.

'이 명함이 아니야, 저 명함도 아니야.'

명함을 훑어본 지 35분 만에 마침내 하버드 문장이 찍힌 명함을 찾아냈다. 하지만 이번에는 전화기라는 개념 자체가 아주 흥미롭고 야릇한 것이 되었다.

'대체 이것으로 무엇을 해야 하지?'

사물을 이해하는 능력이 사라진 듯했다. 그러나 이 '물건'이 전선을 통해 나를 다른 공간과 연결시켜주리라는 것은 알고 있었다. 그리고 내가 말을 하면 전선 반대편에서 내 말을 알아들을 사람이 있다는 것도.

혹시라도 내가 초점을 잃고 의사의 명함을 다른 사람의 명함과 혼동할까 싶어서 책상 위를 깨끗이 치우고 의사의 명함을 바로 앞에 놓았다. 전화기를 옮겨 번호판이 명함 바로 옆에 오도록 했다. 번호판의 모습이 이상하고 낯설게 보였다. 통제가 안 되는 왼쪽 뇌가 오락가락했지만 나는 침착하게 앉아 있었다. 명함에 적힌 꼬불꼬불한 숫자와 전화기 번호판에 붙은 꼬불꼬불한 숫자를 천천히 서로 맞추어 나갔다. 어디까지 숫자를 눌렀는지 잊지 않도록 번호판의 숫자를 하나씩 누를 때마다 왼손 검지로 명함에 적힌 숫자를 덮어 다음에 누를 숫자를 확인했다. 이미 누른 숫자를 순간순간 기억하지 못했으므로 이 절차가 꼭 필요했다. 이런 전략으로 반복해서 모든 숫자를 다 눌

렀고, 이어 수화기를 귀에 갖다 대고 소리를 들었다.

기력이 다 빠져나간 상태였다. 여기가 어딘지 혼란스러웠다. 내가 지금 하고 있는 일을 잊을까 두려워 마음속으로 되뇌었다.

'나는 질 테일러야. 뇌졸중에 걸렸어. 나는 질 테일러야. 뇌졸중에 걸렸어.'

저쪽에서 목소리가 들리자 대답하려고 했다. 그런데 나 자신이 속으로 말하는 소리는 분명히 들었지만 정작 목구멍에서 소리가 나오지 않았다. 앞선 통화에서 가능했던 삐걱거리는 신음 소리조차 나오지 않았다. 나는 소스라치게 놀랐다.

'세상에, 이제 말을 할 수 없다니!'

소리 내어 말하려고 했던 이 순간에야 내가 말할 수 없다는 사실을 알았다. 성대가 작동하지 않아 어떤 소리도 나오지 않았다.

성대를 자극하려고 가슴의 공기를 강압적으로 빼내고 숨을 힘껏 들이마시는 과정을 몇 차례 반복했다. 제발 어떤 소리라도 나와주길 간절히 바랐다. 지금 내가 무엇을 하고 있는지 깨닫자 문득 이런 생각이 들었다.

'저쪽에서는 음란전화라고 생각할지도 몰라! 전화를 끊지 말아요! 제발 끊지 말아요!'

성대를 자극하기 위해 공기를 밖으로 빼냈다 안으로 밀어 넣었다 하며 가슴을 압박하고 목구멍을 진동시키자 마침내 "으흐흐흐, 으흐흐흐, 크으으으, 크으으으, 크으으아아아" 하는 소리가 밖으로 나왔다. 접수처 사람이 다행히도 내 주치의에게 전화를 바로 돌렸다! 친절한 주치의는 내가 "질 테일러예요. 뇌졸중에 걸렸어요" 하고 발음하려고 안간힘을 쓰는 것을 참을성 있게 들어주었다.

마침내 주치의가 내 말을 알아듣고, 내가 누구이며 무엇이 필요한지 이해했다. 그녀가 "마운트 오번 병원으로 와요"라고 말했다. 말소리는 들렸지만 무슨 뜻인지 알 수 없었다. 나는 낙담해서 이렇게 생각했다.

'좀더 천천히 또박또박 발음해주면 좋을 텐데. 그러면 내가 알아들을 텐데.'

혹시나 하는 희망으로 불분명하지만 나름 애를 써서 "다시요"라고 말했다. 그녀는 걱정되었는지 천천히 지시를 반복했다.

"마운트 오번 병원으로 와요."

이번에도 알아듣지 못했다. 의사는 내 상태가 진심으로 걱정되는지 끈기 있게 한 번 더 반복했다. 소리와 의미를 연결시켜 뜻을 파악하는 데 또다시 실패했다. 이렇게 간단한 말도 알아듣지 못하자 낙담한 나는 성대를 다시 자극하기 시작했고, 도움이 필요하니까 다시 연락하겠다는 메시지를 그럭저럭 전할 수 있었다.

이 무렵에는 굳이 뇌과학자가 아니더라도 나의 뇌에서 무슨 일이 벌어지고 있는지 이해할 수 있었다. 출혈이 계속되어 혈액이 피질로 흘러들면서 세포조직의 손상이 심해졌고, 인지력은 갈수록 희미해졌다. 동정맥 기형이 터진 곳은 좌뇌 대뇌피질 후부의 중앙 근처였지만, 이 무렵에는 언어를 만들어내는 능력을 담당하는 왼쪽 전두엽 세포들까지 손상되었다. 혈액이 두 언어 중추(42쪽 그림에 나온 앞쪽의 브로카 영역과 뒤쪽의 베르니케 영역) 사이를 흐르면서 정보 전달 흐름을 방해하는 바람에 언어 표현이 어려워지고 알아듣지도 못하게 된 것으로 보인다. 하지만 이 무렵 나의 가장 큰 관심사는 성대가 뇌의 명령에 반응하지 않는다는 것이었다. 창의력을 담당하는 중추를 포함해서 뇌간의 뇌교 중앙이 다쳤으면 어떡하나 걱정이었다.

좌절과 피로에 지쳐 전화를 끊었다. 스카프를 머리에 둘러 빛이 눈에 흘러들지 않게 했다. 순간 현관문에 채워둔 자물쇠가 머릿속에 떠올랐다. 몸을 천천히 움직여 엉덩이를 난간에 걸친 채 한 발 한 발 계단을 내려갔다. 도와줄 누군가가 온다고 생각하자 내가 해야 할 일이 더 이상 생각나지 않았다. 다시 거실을 향해 엉금엉금 계단을 기어올라가, 소파에 앉아서 지친 마음을 가라앉혔다.

의기소침하고 외로운 데다가 머리까지 쿡쿡 쑤셨다. 나는 이 세상 삶과의 연결이 끊기는 것을 인정하며 내 상처를 어루만졌다. 내 몸과 연결되어 있던 끈이 점차 느슨해지고 있다는 것이 매 순간 느껴졌다. 나의 에너지가 이 허약한 그릇에서 줄줄 새고 있었다. 몸에서 가장 먼 손가락과 발가락 끝이 무감각해졌다. 몸이 삐걱거리는 소리가 들려왔다. 인지적 뇌가 갈수록 무기력해져서 정상적인 기능과 멀어지자 이러다 영영 불구가 되는 건 아닐까 두려웠다. 난생처음 내가 무력하다는 사실을 절감했다. 컴퓨터는 껐다가 다시 부팅하면 되지만, 내 삶의 풍요로움은 순전히 건강한 세포조직과 뇌가 지닌 근본적인 능력에 의존하고 있었다. 뇌의 힘으로 나는 명령을 전기적으로 전달하고 소통시키고 있었던 것이다.

스스로 처한 끔찍한 상황에 기가 꺾인 나는 앞으로 닥칠 세포들의 죽음과 퇴화를 생각하며 이전 삶의 상실을 아파했다. 나는 왼쪽 뇌에 아직 남아 있는 의식의 연결 끈을 어떻게든 놓지 않으려고 버둥거렸다. 이 무렵 나는 내가 더 이상 정상적인 인간이 아니라는 것을 확실히 이해했다. 좌뇌의 분별 기능을 잃었다. 충동을 억제하는 이성이 사라지자 나 자신을 개별적인 존재로 바라보는 입장에서도 벗어났다. 왼쪽 뇌는 나를 더 이상 다양한 체계들로 구성된 복잡한 유기체나 단편적인 기능들이 모여 형성된 독특한 실체로 규정하지 못했다. 내 의식은 오른쪽 뇌의 신성하고 평화로운 희열 쪽으로 나아갔다.

침묵 속에서 변화된 지각을 생각하자니 어느 정도 기능 불능 상태가 되어야 영영 돌이킬 수 없는 지경이 되는지 궁금했다. 내가 얼마나 많은 신경 회로를 잃고 고차적인 인지능력에서 얼마나 멀어져야 정상적인 기능을 되찾을 수 있다는 희망을 버리게 될까. 나는 아직 죽거나 식물인간이 될 정도는 아니었다! 손으로 머리를 감싸 쥐고 울었다. 눈물을 흘리며 주먹을 쥐고 기도했다. 내 마음에 평화를 달라고, 동요하지 않게 해달라고 기도했다.

'거룩하신 분이여, 제발 제 인생을 이렇게 닫아버리지 말아주세요.'

그리고 침묵에 빠져들면서 마음속으로 다짐했다.

'버티자. 차분하게 버티는 거야.'

거실에 앉아 있는 동안 영원과도 같은 시간이 흘렀다. 마침내 스티브가 문간에 들어섰을 때 우리는 아무 말도 하지 않았다. 그에게 의사 명함을 건넸고 그는 즉시 조치를 취했다. 그가 나를 부축해 계단을 내려가 문을 나섰다. 이어 자신의 차에 나를 태워 벨트를 매준 후, 의자를 뒤로 눕혔다. 그는 빛으로부터 내 눈을 보호하기 위해 스카프를 둘러주었다. 내 무릎을 툭툭 치며 부드러운 음성으로 용기를 주고는 마운트 오번 병원으로 차를 몰았다.

병원에 도착했을 때 나는 의식은 있었지만 정신착란 상태였다. 사람들이 나를 휠체어에 태워 대기실로 데려갔다. 스티브는 내 상황이 이렇게 심각한데도 그들이 대수롭지 않게 대하는 것을 보고 심란했던 모양이다. 하지만 묵묵히 나 대신 서류를 작성했고 내가 서명을 할 수 있게 도왔다. 차례를 기다리는 동안 몸속의 에너지가 꺼지고 구멍난 풍선처럼 몸이 줄어드는 기분이었다. 의식이 점차 혼미해져갔다. 스티브는 사람들에게 내가 즉시 치료를 받아야 한다고 주장했다! CT 촬영을 하러 갔다. 사람들이 나를 휠체어에서 들어올려 침대에 눕혀놓았다. 뇌를 쿡쿡 찌르는 고통이 모터 돌아가는 소리로 인해 더 커졌지만, 그래도 내 자가 진단이 옳았다는 것을 깨닫고 흡족할 정도로는 의식이 남아 있었다. 희귀한 유형의 뇌졸중이었다. 대출혈로 다량의 피가 좌뇌로 흘러들었다. 기억이 나지 않지만 나중에 진료 기록을 보니 의사는 염증을 가라앉히려고 스테로이드 처방을 내렸다.

나는 즉시 매사추세츠 종합병원으로 후송되었다. 사람들이 바퀴 달린 침대를 구급차에 고정시키고 보스턴을 가로질러 달렸다. 친절한 보조원이 옆에서 돌봐주었던 기억이 난다. 나를 가엾게 여겨 담요를 덮어주고, 눈을 보호하기 위해 재킷을 얼굴에 씌워주었다. 그가 내 등을 가볍게 어루만지자 마음이 편해졌다. 값을 매길 수 없을 만큼 소중한 친절이었다.

마침내 나는 걱정을 내려놓았다. 태아처럼 몸을 둥글게 말고 기다렸다. 이날 아침 나는 복잡한 내 신경 회로가 무너져 내리는 과정을 단계별로 지켜보았다. 이때까지 나는 다채로운 유전자 풀에서 내가 물려받은 DNA가 멋지게 발현된 나의 삶을 항상 만족스러워했다!
37년 동안 나는 전기적 생화학 반응이 기민하게 잘 돌아가는 축복받은 존재였다. 그리고 많은 사람들이 그렇듯 나 역시 죽을 때 깨어 있고 싶다는 바람을 가지고 있었다. 그 멋진 마지막 변화의 과정을 직접 보고 싶었던 것이다.

1996년 12월 10일 정오가 가까운 시각, 내 몸을 이루는 분자들의 전기적 생기가 희미해지고 나의 인지적 뇌가 신체 작동을 통제하던 연결 끈을 놓았다. 조용하고 차분해진 마음으로 신성한 보호막 속에 들어앉은 나는 커다란 에너지가 내 안에 차오르는 것을 느꼈다. 몸이 흐느적거렸고 의식이 느린 속도로 떨렸다. 시각과 소리, 감각과 냄새, 맛, 두려움이 내 안에서 모두 사라졌다. 정신과 신체의 연결 고리가 끊어지면서 마침내 나는 고통에서 해방되었다.

다섯.

병원에 도착하다

매사추세츠 종합병원 응급실에 도착하자 그곳은 (이렇게밖에 표현할
수 없는데) 북적거리는 벌집처럼 에너지가 넘쳤고, 정신없이 돌아가
는 곳이었다. 나는 팔다리가 무거워 흐느적거렸고 힘이 하나도 없었
다. 기력이 다 빠져나간 듯했다. 서서히 바람이 빠져나가 완전히 쪼
그라든 풍선처럼. 의료진들이 내 침대 주위에 몰려들었다. 날카로운
빛과 강렬한 소리가 폭도들처럼 나의 뇌를 공격했다. 나는 자극을 완
화시키고 싶었지만 정신을 집중할 수가 없었다.

"여기 좀 봐요. 거기 꽉 붙잡아요. 여기 서명해요!"

그들은 정신이 오락가락하는 나에게 이런 요구를 해왔다.

'한심하군! 나에게 문제가 있는 게 보이지 않나 봐. 이 사람들 대체
뭐지? 천천히 해! 무슨 말인지 못 알아듣겠어! 침착해! 가만히 있어!
너무 아프잖아! 왜 이렇게 혼란스러운 거야?'

그들이 집요하게 서류 작성을 시킬수록 나는 정신을 차리려고 애를 쓰느라 통증은 자꾸 커져갔다. 사람들이 나를 만지고 살펴보고 여기저기 찔러대는 통에 아주 괴로웠다. 나는 소금을 뿌린 지렁이처럼 고통에 몸부림쳤다. 제발 혼자 있게 해달라고 소리치고 싶었지만 내 목소리는 침묵에 잠겨 있었다. 그들은 내 비명을 듣지 못했다. 내 마음을 읽지 못했던 것이다. 나는 상처 입은 동물처럼 나를 주무르는 사람들의 손길에서 벗어나려고 발버둥치다가 정신을 잃었다.

오후가 되어서야 정신을 차렸다. 내가 여전히 살아 있다는 사실에 놀랐다. (내 몸을 안정시켜주고 또 한 번 삶의 기회를 준 의료진에게 이 기회에 진심으로 고맙다는 말을 전한다. 당시에는 내가 얼마나 어떻게 회복될지 아무도 알지 못했지만 말이다.) 내 몸은 환자복을 두른 채 작은 칸막이 방에 놓여 있었다. 아직도 쿡쿡 쑤시는 머리가 놓인 베개 쪽이 살짝 올라간 침대였다. 에너지가 고갈된 상태여서 나는 꼼짝도 못하고 침대에 푹 파묻혀 있었다. 내 몸이 어떻게 자리를 잡고 있는지 알 수 없었다. 몸이 어디서 시작하고 어디서 끝나는지 파악할 수 있는 감각이 모두 사라진 상태였다. 이렇게 신체 경계를 느낄 수 없게 되자 마치 광대한 우주와 하나가 된 기분이었다.

천둥 치듯 요란하게 머리가 지끈거렸고 눈꺼풀 뒤에서 뇌우가 호되게 몰아쳤다. 몸의 위치를 약간 바꾸는 데도 기력이 다 소진되었다. 숨 쉬는 일마저 갈비뼈에 통증을 일으켰고, 눈으로 밀려드는 빛은 뇌를 태워버릴 기세였다. 말을 할 수 없었기에 조명의 밝기를 줄여달라는 표시로 침대 시트에 얼굴을 파묻었다.

귀에 들리는 소리라고는 심장이 쿵쾅거리는 리듬뿐이었다. 어찌나 크게 울리던지 뼈가 쿡쿡 쑤시고 근육이 고통으로 씰룩거렸다. 예리하게 돌아가던 나의 과학적 두뇌가 작동을 멈췄다. 주위의 3차원 공간에 대해 정보를 기록하거나 관계를 맺거나 범주화할 수 없었다. 나는 엄마 배 속에서 갑자기 세상 밖으로 나와 혼란스러운 자극의 세계에 던져진 신생아처럼 울부짖고 싶었다. 정말 신생아였다. 앞서 살았던 삶의 세부 내용들을 기억하는 능력이 사라지자 몸만 어른일 뿐 아기나 마찬가지였다. 게다가 뇌가 제대로 돌아가지 않았다!

좁은 중환자실에 누워 있는데 왼쪽 어깨 너머로 두 명의 친한 동료가 보였다. 그들은 벽에 붙은 라이트박스에 걸린 CT 촬영사진을 보고 있었다. 내 뇌를 촬영한 연속 사진이었다. 그들이 나지막이 나누는 말을 알아듣지는 못했지만, 몸짓으로 짐작하건대 상황이 심각해 보였다. 신경해부학 전공자가 아니더라도 뇌 중앙에 자리한 커다란 흰색 구멍이 거기 있어야 할 게 아니라는 것은 알 수 있다! 나의 좌뇌는 피 웅덩이에서 뒹굴고 있었고, 뇌 전체가 외상에 대한 반응으로 부어올라 있었다. 나는 마음속으로 기도했다.

'더 이상 여기 있어서는 안 됩니다! 나가야 합니다! 에너지가 바뀌어 내 존재의 핵심이 사라졌습니다. 여기는 내가 있을 데가 아닙니다. 거대한 정신이여, 나는 지금 우주와 하나가 되었습니다. 영원의 세계로 들어가 버려 이제 생명의 땅으로 돌아갈 수 없습니다. 그런데도 여전히 이곳에 얽매여 있습니다. 유기체 그릇에 담긴 연약한 마음이 문을 닫아 지성이 들어갈 자리가 없습니다. 더 이상 여기 있을 수 없습니다!'

사실 나의 정신은 외부 세계에 존재하는 모든 사람이나 사물과 감정적으로 연결되어 있어 더없이 행복해했다. 그럼에도 불구하고 나는 마음속으로 외쳤다.

'나가야 해, 나가야 한다니까!'

온통 혼란과 고통뿐인 신체라는 그릇에서 벗어나고 싶었다. 이 짧은 시간 동안 그간 참아온 절망이 한꺼번에 밀려왔다.

몸이 차갑고 무겁고 욱신거렸다. 뇌와 몸이 신호를 제대로 주고받지 못하자 내 몸을 개별 유기체로 인식하지 못하고, 마치 눈에 보이는 전기 에너지 덩어리처럼 느끼게 됐다. 아직 의식은 남아 있었지만 예전의 의식과는 달랐다. 정보에 접근할 회로들이 좌뇌에서 모두 없어지자 몸의 활기가 사라지고 어색하기 그지없었다. 의식이 바뀌어버린 것이다. 나는 여전히 이곳에 있지만 현재까지 내 삶이 누려왔던 풍성한 감정적·인지적 연결 능력이 사라졌다. 그런데도 나는 여전히 나일까? 더 이상 예전에 누린 삶의 경험과 생각과 감정적 애착을 가질 수 없는데, 그래도 여전히 내가 질 볼트 테일러 박사라고 할 수 있을까?

뇌졸중이 일어났던 날을 되돌리자면 달콤하면서도 씁쓸한 기분이 든다. 좌뇌의 정위연합 영역이 정상적으로 작동하지 않자 신체 경계를 인식하는 능력이 피부 끝까지 미치지 못했다. 마치 호리병에서 풀려난 지니가 된 기분이었다. 나의 정신 에너지는 행복이 넘치는 침묵의 바다를 거대한 고래처럼 유유히 미끄러지듯 나아갔다. 신체의 경계가 사라진 느낌을 설명해보라고 한다면, 몸을 가진 존재로서 우리가 느낄 수 있는 최고의 쾌락이라고 말할 수 있다. 의식이 달콤하고 차분한 흐름 속으로 빠져들자 거대한 내 정신을 작은 세포들의 조직체 안으로 다시 구겨 넣는 일은 불가능해 보였다.

바깥세상과 어떻게든 상호작용을 해야 한다고 마음을 달랠 때마다 엄청난 슬픔과 망연자실한 기분을 느껴야 했다. 그럴 때면 이런 희열 속으로 슬쩍 도망치고 싶었다. 이제 정상적으로 정보를 처리하는 세상과는 멀어진 듯 보였다. 나는 신경이 파괴되는 재앙에서 살아남지 못한 게 분명했다. 질 볼트 테일러는 이날 아침에 죽었다. 그렇다면 남은 것은 누구일까? 내 좌뇌가 파괴되었다면 오른쪽 나는 누구지?

"나는 질 볼트 테일러야. 신경해부학자이고 이 주소에 살며 연락처는 이렇게 되지" 하고 말하는 언어 중추가 침묵하자 더 이상 내가 그녀여야 할 이유가 없어졌다. 참으로 기이한 인식의 변화였다. 나에게는 그녀가 좋아하는 것과 싫어하는 것을 알려주는 감정 회로와 그녀의 비판적 판단 패턴을 알려주는 자아 중추가 없어졌다. 나는 더 이상 그녀처럼 생각하지 않았다. 실질적으로 만만치 않은 양의 세포가 파괴되었으므로 다시 그녀가 되고 싶다고 해서 그렇게 될 수도 없었다! 그녀의 삶을, 그녀의 관계나 성공과 실수를 몰랐으므로 그녀의 결정이나 스스로 설정한 한계에 얽매이지 않을 수 있었다.

좌뇌 의식의 죽음으로 한때 나였던 여자가 사라졌다는 사실은 견딜 수 없이 슬펐지만, 그와 동시에 거대한 안도감이 찾아왔다. 질 볼트 테일러는 감당하려면 엄청난 에너지가 필요한 분노와 감정적 짐들을 지니고 있었다. 그녀는 일에 열정적이었고 자기주장이 강한 여자였다. 활기찬 인생을 살려고 노력했다. 하지만 호감도 가고 어쩌면 존경할 만한 그녀의 성격에도 불구하고, 현재의 나는 그녀가 가지고 있던 근본적인 적대감만은 물려받지 않았다. 오빠가 정신병을 앓고 있다는 사실을 잊었다. 부모님이 이혼했다는 것도, 내 일도, 내게 스트레스를 안겨주던 것들도 모두 잊었다. 나는 이렇게 기억이 사라졌다는 데 안도와 기쁨을 느꼈다. 나는 37년 평생 동안 많은 것을 대단히 빠른 속도로 해치우는 데 열정적으로 매달렸다. 그러다가 이 특별한 날에 그저 '존재한다는' 것의 의미를 배우게 된 것이었다.

좌뇌와 언어 중추를 잃었을 때 시간을 연속적인 짧은 순간들로 나누는 시계도 사라졌다. 순간들이 정확하게 매듭지어지는 대신 열린 결말로 다가왔다. 이제 나는 아무것도 서둘러 밀어붙일 필요성을 느끼지 못했다. 그저 한가롭게 해변을 거닐거나 아름다운 자연 속에서 빈둥거리듯, 좌뇌의 '행하는' 의식을 우뇌의 '존재하는' 의식으로 바꾸었다. 아주 사소하고 늘 고립되어 있다고 느꼈던 내가 이제 거대한 존재가 되어 주위의 모든 것을 포용할 수 있을 것 같았다. 언어로 생각하는 것을 멈추고, 새로운 관점으로 현재의 일들을 바라보기 시작했다. 담당 세포들이 망가져서 과거와 미래에 관련된 일들을 숙고하는 능력을 잃어버린 상태였기에 내가 지각할 수 있는 것은 지금 여기이 순간뿐이었고, 그것은 아름다웠다.

단일하고 견고한 실체였던 나의 자아상이 완전히 바뀌어 스스로가 유동체임을 알게 되었다. 물론 나는 유동체다! 우리 주위의 모든 것, 우리에 관한 모든 것, 우리 사이와 우리 안의 모든 것이 공간에서 진동하는 원자와 분자들로 이루어져 있으니까. 언어 중추에서 자아 인식을 담당하는 부위는 스스로를 견고한 개별적 존재로 규정하고 싶을 것이다. 하지만 대부분의 사람들은 자신이 수조 개의 세포와 수

리터의 물로 구성되어 있으며, 우리 신체의 모든 것은 끊임없이 움직이는 역동적 상태로 존재한다는 것을 알고 있다. 좌뇌는 이런 자신을 남들과 구별되는 존재로 인식하도록 길들여졌다. 이런 제약에서 풀려나자 나의 우뇌는 영원한 우주의 흐름eternal flow에 몸을 맡기며 즐거워했다. 나는 더 이상 고립된 외톨이가 아니었다. 내 영혼은 우주만큼이나 거대했고, 드넓은 바다에서 흥겹게 장난치며 놀았다.

많은 사람들은 마음이 느긋하게 풀린 상태가 되면 자신이 유동체이고 영혼은 우주만큼 거대하며, 주위의 에너지 흐름에 연결되어 있다는 생각을 한다. 나 역시 스스로를 견고한 존재라고 말하는 좌뇌의 판단이 사라지자 자연스럽게 이런 유동체 자각 상태가 되었다. 우리의 몸은 분명 가볍게 떨리는 수조 개의 입자들로 이루어져 있다. 모든 것이 끝없이 움직이는 유동적 세상에서 내부에 액체가 차 있는 주머니로 존재하는 것이다. 개체마다 분자의 밀도가 다르긴 하지만, 궁극적으로 모든 화소는 전자, 양성자, 뉴런이 서로 어울려 빚어내는 섬세한 춤이다. 여러분과 나를 구성하는 모든 화소가, 그리고 그 사이의 공간에 존재하는 모든 화소가 원자 물질과 에너지이다. 내 눈은 더 이상 사물을 구별하여 지각하지 못했다. 에너지가 서로 뒤섞여 분간이 되지 않았다. 시각 처리도 정상적이지 않았다. (이렇게 기묘한 시각 경험은 작은 점들을 찍어서 대상을 묘사하는 인상주의 회화에 비교할 수 있다.)

나는 의식을 놓지 않았고 나를 에너지의 흐름 속에 있는 존재로 인식했다. 시야에 보이는 모든 것이 한데 뒤섞였고, 모든 화소에서 에너지가 사방으로 분출되어 하나로 흘러들었다. 모든 사물이 비슷한 에너지를 방사했으므로 대상들 사이에 물리적 경계를 나누는 것이 불가능했다. 마치 안경을 벗거나 눈에 안약을 넣으면 가장자리가 흐릿하게 보이는 것과 비슷했다.

이런 상태로는 3차원 지각도 불가능했다. 어떤 것도 가까이 있거나 멀리 떨어져 보이지 않았다. 문간에 누가 서 있더라도 움직이기 전까지는 그 존재를 알아볼 수 없었다. 내가 특정한 화소 지점에 주목해야 한다는 사실을 아는 것도 힘겨웠다. 게다가 색깔이 인식되지 않아서 색을 구분할 수 없었다.

이날 아침 전까지만 해도 손상을 인식하는 능력이 있었다. 죽음이나 부상을 통해 신체의 손상을 경험했고, 가슴앓이를 통해 정서의 손상을 경험했다. 하지만 인식이 바뀌고 나니 신체나 정서의 손상을 인식하는 것이 불가능했다. 나 자신을 주위로부터 분리된 개체로 여기지 못했기 때문이다. 신경 외상을 입었는데도 극히 평온한 감각이 내게 스며들면서 차분한 기분이 찾아왔다.

주위의 모든 것과 이렇게 연결되어 있다는 사실이 기뻤지만, 한편으로는 내가 더 이상 정상적인 인간이 아니라고 생각하니 오싹했다. 우리 모두 서로의 일부이며 우리 안에 흐르는 생명 에너지에 우주의 힘이 들어 있다는 한 차원 높은 인식을 얻었는데, 어떻게 내가 인류를 구성하는 단 하나의 개체란 말인가? 아무 두려움 없이 땅 위를 걸으며 어떻게 내가 사회에 적응할 수 있을까? 어떤 기준으로 보더라도 나는 이제 정상이 아니었다. 정신적으로 심각한 병을 앓고 있었다. 꼭 말해두고 싶은 게 있다. 그동안 나는 외부 세계에 대한 우리의 지각과 우리와 세상의 관계가 신경 회로의 산물이라는 것을 인정하기가 쉽지 않았다. 하지만 그 사실을 받아들이고 나니 더없이 홀가분해졌다. 내가 살아온 시간 동안 나는 내 상상이 만들어낸 산물이었던 것이다!

좌뇌의 시간 측정기가 멈추는 바람에 삶의 자연스러운 박자 감각이 달팽이처럼 느려졌다. 시간 감각이 바뀌자 내 주변에서 북적거리는 벌집과 호흡을 맞추지 못했다. 의식이 시간상의 왜곡 현상을 일으켜 내가 적절한 속도로 사람들과 교류하거나 효과적으로 대응할 수 없게 했다. 나는 세상들 사이의 세상에 존재하고 있었다. 더 이상 바깥 사람들과 관계 맺기는 힘들었지만 아직 내 삶은 말소되지 않았다. 나는 주위 사람들뿐만 아니라 나 자신에게도 기이한 존재였다.

내 몸을 활발하게 움직여주던 능력이 저 멀리로 사라져서 이제 다시는 세포들이 전처럼 기능할 수 없으리라는 생각이 들었다. 말하지도 말을 알아듣지도 글자를 쓰지도 못했다. 걷는 것은 물론 몸을 구부리는 것도 불가능했는데, 흥미롭게도 나는 내가 괜찮다는 것을 알았다. 좌뇌의 지성 활동이 멈추자 내 자신이 기적적인 생명이라는 내적 자각이 마음속에 가득 차올랐다. 내가 예전 같지 않다는 것은 사실이었지만, 우뇌는 단 한 번도 내가 예전보다 못한 존재가 되었다고 말하지 않았다. 나는 세상을 향해 생명의 빛을 내뿜는 존재였다. 내게 다른 사람들의 세상과 연결시켜줄 신체와 뇌가 있고 없고를 떠나, 그저 나 자신을 세포들이 빚어낸 걸작이라고 여겼다. 좌뇌의 부정적 판단이 사라지자 나는 나를 완벽하고 전체적이며, 현재 모습 그대로 아름다운 존재로 바라볼 수 있었다.

여러분은 내가 어떻게 당시 일어난 일들을 지금까지 기억하는지 궁금해할지도 모르겠다. 내가 비록 정신적 장애를 입었지만 의식은 잃지 않았다는 사실을 기억해주길 바란다. 우리의 의식은 수많은 프로그램들이 동시에 작동하며 만들어진다. 각각의 프로그램은 3차원 세상에 있는 여러 대상을 지각하는 우리의 능력에 새로운 관점을 더해준다. 나는 자아 중추가 손상된 상태였지만, 우뇌와 몸을 구성하는 세포들의 의식은 살아 있었다. 순간순간 나에게 내가 누구이고 어디 사는지 등을 일깨워주는 프로그램은 작동하지 않았지만, 나의 다른 부분은 여전히 기민하게 움직이며 그때그때 들어오는 정보들을 바로 처리했다. 전통적으로 우뇌보다 우세하던 좌뇌가 기능하지 않자 뇌의 다른 부분들이 활발하게 움직였다. 한때 억제되어 있던 프로그램들이 풀려나 자유롭게 기능했고, 그래서 나는 더 이상 예전의 지각 해석에 얽매이지 않아도 되었다. 좌뇌의 의식과 예전의 성격이 퇴조하면서 우뇌의 캐릭터가 새로운 통찰력을 발휘하기 시작한 것이다.

하지만 다른 사람들의 말을 들어보건대 그날 나는 엉망이었다고 한다. 갓 태어난 아기처럼 나를 둘러싼 물리적 공간에서 벌어지는 감각적인 자극을 이해하지 못했다. 몰려드는 자극을 고통스럽게 받아들인 것이 분명했다. 귀로 들어오는 소리가 뇌를 무감하게 때릴 뿐이었다. 그러니 사람들의 목소리와 주위에서 덜걱거리는 소음을 구별하지 못한 것은 당연했다. 내 관점에서는 모두가 하나의 덩어리로 와자지껄 떠들어댔다. 마치 조급한 동물들이 무리 지어서 내는 불협화음 같았다. 머릿속에서 귀가 뇌와 단단하게 연결되어 있지 않아 중요한 정보들이 그 틈새로 줄줄 새는 듯했다.

나는 사람들에게 내 뜻을 전하고 싶었다.

'크게 소리 지른다고 해서 내가 말을 더 잘 알아듣지 않아! 날 두려워하지 마! 좀더 가까이 와. 부드럽게 대해줘. 천천히 말하라고. 또박또박 명료하게. 한 번 더! 제발 천천히 또박또박. 거칠게 굴지 마. 안전한 장소가 되어줘. 나는 우둔한 동물이 아니라 상처 입은 동물이야. 무방비 상태로 열려 있어. 나도 뭐가 뭔지 모르겠어. 내 나이와 능력은 상관 말고 내게 손을 뻗어줘. 나를 존중해줘. 여기 있으니까 와서 나를 찾아줘.'

이날 아침까지만 해도 내가 남은 평생을 중증 장애인으로라도 살아갈 수 있도록 구조를 요청하게 될 줄은 상상도 못했다. 하지만 내 존재 깊은 곳에서 의식이 육체와 완연히 분리된 듯 느껴졌고, 피부 속으로 에너지를 다시 돌게 하거나 몸속에 존재하는 정교한 세포와 분자들의 그물망을 재가동시킬 수 없을 것 같았다. 나는 두 세계 사이, 완전히 대립되는 현실의 두 단면 사이에 갇힌 듯했다. 외부 세계와 소통하려는 노력이 실패하면서 상처 입은 몸의 고통이 지옥 같았다면, 영원한 희열로 날아오르는 의식은 마치 천국과도 같은 느낌이었다. 그리고 내 안의 깊은 곳 어디엔가 내가 살아남았다는 사실에 흥분하여 환호성을 지르는 존재가 있었다!

신경치료실에서

다행히도 위급한 상황을 넘긴 나는 신경 집중치료실로 옮겨졌다. 지금 기억나는 것은 내 오른쪽에 룸메이트가 한 명 있었고, 내 발이 문 쪽을 향해 있었으며, 왼쪽은 벽이었다는 사실이다. 계속해서 쿡쿡 쑤시는 머리와 오른팔의 느낌을 제외하고는 아무런 자각도 할 수 없었다.

내게 사람들은 에너지가 집중적으로 몰려 있는 덩어리 같았다. 의사와 간호사들은 강력한 에너지 파장들이 모이고 퍼지는 대규모 집합체였다. 나와의 소통 방법을 알지 못하는 외부 세계가 나를 몰아붙이는 것 같았다. 나는 말하지도 못하고 알아듣지도 못했으므로 삶의 방관자처럼 가만히 앉아만 있었다. 병원에 도착하고 48시간 동안 무슨 신경 검사가 그렇게 많던지. 검사를 받을 때마다 1달러씩 챙겼다면 지금쯤 부자가 되었을 정도다. 사람들이 소란스럽게 몰려와 나를 검사하고 쿡쿡 찌르고 계속해서 신경 관련 정보를 찾았다. 이들에게 시달리느라 기력이 바닥났다. 서로 합심해서 정보를 공유했다면 내가 그렇게까지 피곤하지는 않았을 텐데.

우뇌가 나를 지배하면서 타인의 감정에 더 많이 공감하게 되었다. 비록 사람들의 말을 알아듣지는 못했지만 얼굴 표정이나 몸짓으로 많은 것을 알 수 있었다. 나는 에너지의 역학 관계가 내게 미치는 영향을 주의 깊게 살폈다. 내게 에너지를 안겨주는 사람이 있고 내게서 에너지를 뺏어가는 사람이 있었다. 한 간호사는 내게 필요한 것들에 대해 세심하게 마음을 써주었다. 내 몸이 적당히 따뜻한지, 물이 필요한지, 고통스러워하는지 등을 확인했다. 그녀가 나를 보살피면 안전하다는 느낌이 들었다. 그녀는 내 눈을 바라보며 치유의 손길을 내밀었다. 반면 다른 간호사는 나와 눈을 마주치지 않았고 마치 자기가 아픈 듯 요란하게 발을 끌며 다녔다. 우유와 젤리를 쟁반에 담아 갖다주면서도 내가 손을 못 쓰니 용기의 뚜껑을 열지 못한다는 사실은 나 몰라라 했다. 나는 어떻게든 음식을 먹고 싶었지만 그녀는 내 욕구를 모른 체했다. 말을 걸 때면 내 귀가 멀지 않았다는 것을 모르는 사람처럼 목소리를 높였다. 이렇게 그녀가 나와 소통하려는 기색을 보이지 않자 겁이 났다. 그녀가 나를 보살필 때면 왠지 불안했다.

데이비드 그리어는 친절하고 상냥한 젊은 의사였다. 내가 처한 상황을 진심으로 마음 아파했고, 바쁜 회진 중에도 내 얼굴 가까이까지 몸을 숙여 조용하게 말을 걸었다. 팔을 잡아주며 괜찮을 거라고 나를 안심시켰다. 비록 말을 알아듣지는 못했지만, 그가 나를 지켜보고 있다는 것은 알 수 있었다. 그는 내가 멍청한 게 아니라 다친 것임을 이해했다. 나를 늘 존중해주었다. 나는 지금도 그의 친절에 감사하고 있다.

　첫날, 내 상태는 점차 나아졌다. 전부는 아니지만 몇몇 부위에서 빠른 차도를 보였다. 이후 회복까지는 몇 년이 걸렸지만, 일부 뇌 부위는 말짱해서 현재 순간을 구성하는 수많은 자료들을 해석하느라 분주하게 움직였다. 뇌졸중 전후의 가장 큰 변화라면 머릿속에 인상적인 침묵이 자리 잡게 되었다는 점이다. 더 이상 생각할 수 없게 되었다거나 예전처럼 생각하지 못했다는 뜻이 아니다. 외부 세계와의 커뮤니케이션이 막혀버린 것이었다. 순차적으로 정보를 처리하는 언어도 막혀버렸다. 그 대신 그림으로 사고하는 능력이 생겼다. 또한 순간순간 들어오는 정보를 수집하고 그 경험에 대해서 시간을 들여 곰곰이 생각하게 되었다.

　의사 한 명이 물었다.

　"미국 대통령이 누구죠?"

　이 질문을 이해하고 그에 맞는 대답을 떠올리기 위해 나는 일단 누군가가 내게 질문했다는 사실을 받아들여야 했다. 누군가 나의 주의를 끌려 한다는 것을 깨닫고 나면, 상대가 질문을 반복하게끔 하는 것이 필요했다. 그래야 소리에 귀를 기울일 수 있었다. 그다음 정신을 집중해서 그의 입술 움직임을 읽었다. 귀로 목소리와 배경의 소음을 구분하는 것이 대단히 어려웠으므로, 상대는 천천히 또박또박 질문을 반복해야 했다. 나는 차분하고 명료하게 소통하고 싶었다. 내 얼굴에 아둔한 표정이 떠올라 바보처럼 보였겠지만, 마음은 새로운 정보를 받아들이는 데 집중하느라 분주했다. 내 반응은 느리게 일어났다. 진짜 세상에서 살아가기에는 지나치게 느렸다.

누군가의 말에 집중하는 것은 대단한 노력이 필요한 일이었다. 나는 금방 지쳤다. 우선 정상적으로 작동되지 않는 눈과 귀에 온 신경을 모아야 했다. 뇌가 소리를 포착하면 그것과 입술의 특정한 움직임을 연결시켰다. 이어 망가진 뇌를 뒤져 어딘가에 저장되어 있는 소리 조합의 의미를 찾아야 했다. 이렇게 단어를 찾고 다시 단어 조합을 찾는 일을 반복했는데, 망가진 뇌로는 몇 시간이나 걸리는 일이었다!

상대의 얘기에 집중하느라 내가 들인 노력은 연결 상태가 좋지 않은 휴대폰으로 통화하는 것과 비슷했다. 무슨 말을 하는지 귀를 쫑긋 세워야 했고, 자칫하면 참을성을 잃고 좌절하여 수화기를 내려놓을 수도 있었다. 배경으로 들리는 소음과 목소리를 구분하는 게 너무도 어려웠다. 내게는 엄청난 의지와 결단력이 필요했고, 상대방에게는 무한한 인내심이 필요한 작업이었다.

입수되는 정보를 처리하기 위해, 핵심 단어들의 소리를 고르고, 그것이 어떻게 소리 났는지 잊어버리지 않도록 뇌 속에서 계속 반복했다. 이어 그 단어의 소리와 맞는 의미를 확인하기 위한 탐구 과정에 돌입했다.

'대통령, 대통령, 대통령이 뭐지? 그게 무슨 뜻이지?'

대통령이라는 개념을 그림으로 파악한 뒤에는 미국이라는 소리로 넘어갔다.

'미국, 미국, 미국이 뭘까? 대체 무슨 뜻일까?'

미국에 해당하는 파일도 그림이었다. 이어 대통령과 미국이라는 두 이미지를 합쳐야 했다. 하지만 의사는 내게 미국이나 대통령의 의미를 묻는 게 아니었다. 특정한 사람을 묻는 질문이었고 이는 완전히 다른 파일에 있었다. 결국 나의 뇌는 '대통령'과 '미국'에서 '빌 클린턴'으로 나아가지 못하고 포기했다. 이미 몇 시간 동안 뇌 속 파일을 샅샅이 뒤지느라 기진맥진한 터였다.

애석하게도 검색 능력은 어떤 전략을 사용하여 자신이 가지고 있는 정보를 찾아내는가가 아니라 정보를 얼마나 빨리 떠올리는가에 따라 평가되었다. 첫 번째 질문에 대한 대답을 찾기 위해 온갖 노력을 기울였는데, 검토해야 할 연상 이미지들이 너무 많았다. 나는 그림으로 생각했으므로 하나의 이미지로 시작해서 확장해나가는 수밖에 없었다. 일반 이미지에서 출발하여 구체적인 것을 찾아가려면 어마어마하게 많은 가능성을 일일이 탐구해야 했다. 내 기력으로는 버틸 수 없는 일이었다. 만약 의사가 특정하게 빌 클린턴에 관해 물었다면, 나는 그의 이미지를 찾아서 확장해나갈 수 있었을지도 모른다. 가령 빌 클린턴이 누구와 결혼했느냐고 물었다면, 빌 클린턴의 이미지와 결혼식의 이미지를 찾은 다음, 그의 옆에 힐러리가 서 있는 이미지를 떠올렸을 것이다. 운이 좋았다면 말이다. 먼저 그림을 사용하여 언어로 다가가는 길을 찾을 때는 일반 파일에서 특정한 세부 내용 파일로 나아가기가 사실상 불가능했다.

나를 관찰하는 사람들은 내 모습이 예전보다 못하다고 생각했을지도 모른다. 나는 정상인처럼 정보를 처리할 줄 몰랐으니까. 하지만 의료진들이 나 같은 상황에 처한 사람과 어떻게 소통해야 하는지 모르는 현실을 마주하자 서글퍼졌다. 뇌졸중은 우리 사회에서 흔히 보이는 장애의 원인이며 언어를 담당하는 좌뇌에서 4배나 많이 발생한다. 나는 뇌졸중에서 살아남은 사람들이 자신의 뇌가 회복을 위해 어떤 전략을 세웠는지 서로 나누고 알리는 일이 절대적으로 필요하다고 생각한다. 그렇게 하면 의료 전문가들이 좀더 효율적으로 초기 대처를 하고 증세를 잘 판단할 수 있으리라. 나는 의사들이 그들 기준에 따라 내 뇌가 작동하는지의 여부를 판단하지 말고 나의 뇌가 어떻게 작동하는지에 집중해주기를 원했다. 내가 알고 있는 정보는 방대했다. 문제는 여기에 어떻게 다가가느냐 하는 것이었다.

초기 회복 기간 동안 나 자신을 관찰하고 경험한 일은 참으로 매혹적이었다. 학자이기 때문에 내 몸이 여러 신경 프로그램들로 얽힌 존재라는 것은 개념적으로 알고 있었다. 하지만 뇌졸중을 겪으면서 비로소 우리 몸을 움직이는 프로그램이 개별적으로 망가질 수 있다는 것을 확실히 이해하게 되었다. 뇌를 잃는다는 게, 더 정확히 말하면 왼쪽 뇌를 잃는다는 게 어떤 건지 예전에는 미처 상상도 하지 못했다. 사람들에게 이런 체험을 해보게 하는 안전한 방법이 있다면 얼마나 좋을까. 그러면 참으로 도움이 될 텐데.

여러분의 타고난 능력이 체계적으로 하나씩 의식에서 사라져가는 것이 어떤 기분일지 상상해보라.

먼저 여러분의 귀로 들어오는 소리를 분간하는 능력이 사라졌다고 생각해보자. 귀가 들리지 않는 게 아니다. 그저 소리가 혼돈스러운 소음으로 들리는 것뿐이다. 둘째로 눈 앞 대상의 명확한 형태를 볼 수 있는 능력을 지워보자. 눈이 먼 게 아니라 3차원으로 보거나 색깔을 알아보는 능력이 없어진 것이다. 이렇게 되면 움직이는 대상을 따라가거나 대상들 사이의 명확한 경계를 구분하는 능력 또한 사라진다. 게다가 보통 때라면 그냥 지나칠 만한 냄새가 증폭되어 여러분을 압도하기 때문에 숨을 쉬기조차 어려워진다.

온도와 진동, 고통, 자신의 팔다리 위치를 더 이상 지각할 수 없게 뇌는 신체의 경계 인식이 바뀐다. 여러분의 에너지가 주위의 에너지와 섞여들면서 늘어나고, 스스로를 우주만큼이나 거대한 존재로 느끼게 된다. 여러분이 누구이고 어디에 사는지 일깨워주던 머릿속의 작은 목소리는 침묵한다. 여러분을 예전의 감정적 자아와 연결해주던 기억이 사라지고, 지금 이 순간의 풍성함만이 여러분의 인식을 사로잡는다. 모든 것이(물론 여러분 자신의 생명력을 포함해서) 순수한 에너지를 발산한다. 어린아이 같은 호기심으로 여러분의 마음은 평화를 누리며 행복의 바다를 헤엄칠 방법을 궁리하게 될 것이다. 이때 스스로에게 물어보자. 고도로 구조화된 일상으로 돌아가려면 어떤 계기가 필요할까?

뇌졸중이 일어난 그날 오후 내내 잠을 잤다. 병원에서 아마 나만큼 많이 잔 사람은 없을 것이다! 잠을 자는 동안에는 감각기관으로 밀려드는 에너지의 부단한 흐름을 차단할 수 있었다. 눈을 감으면 뇌의 상당 부분이 닫혔다. 빛은 불편했다. 의사들이 내 동공을 확인하려고 밝은 전등을 눈에 갖다 댈 때면 머리가 욱신거렸다. 손등의 정맥은 상처에 소금을 뿌린 것처럼 따끔거렸다. 차라리 의사들이 내 몸을 다루는 것을 의식하지 못했더라면 좋았을걸. 그러면 침묵의 마음이라는 피난처로 들어가 피할 수 있었을 텐데. 적어도 다음 신경 검사 때까지만이라도 말이다.

이런 와중에 스티브가 내 어머니에게 연락해서 이날 일어난 일에 대해 설명했다. 어머니와 스티브는 NAMI 연례 학술대회에 참가하면서 오랫동안 알고 지낸 사이로, 서로를 좋아했다. 두 사람 모두에게 무척이나 힘겨운 전화 통화였을 것이다. 스티브가 나중에 이야기해준 바로는, 어머니더러 우선 앉으라고 한 뒤 내가 좌뇌 피질에 대출혈이 일어나 현재 매사추세츠 종합병원에 있다고 말했다고 한다. 그리고 의사들이 내 몸을 안정시켰고 최고의 치료를 받고 있다며 그녀를 안심시켰다.

그다음에는 베네스 교수가 어머니에게 전화를 걸어, 하던 일을 정리하고 보스턴으로 오는 게 좋겠다고 말했다. 베네스 교수는 내가 수술을 받아야 할 거라고 확신했던 모양이다. 어머니는 당장 오겠다고 했다. 예전에 차도를 보이지 않는 오빠의 병 수발을 10년이나 들었던 어머니였다. 하지만 이번에는 내가 신경 외상을 털고 일어나는 것을 도울 수 있으리라 믿었던 것이다. 어머니는 오빠의 조현병을 치료하지 못한 좌절의 세월을 딛고 나를 회복시킬 계획을 세웠다.

긍정 에너지를 지닌 사람들,
부정 에너지를 지닌 사람들

이튿날 이른 아침 내 병력을 확인하러 들어온 의대생이 잠을 깨웠다. 이해할 수 없는 일이지만, 내가 말을 하지도 알아듣지도 못하는 뇌졸중 환자라는 사실을 통보받지 못한 모양이었다. 그날 아침, 나는 병원이 최우선으로 생각해야 할 것이 환자의 에너지를 보호해주는 것임을 깨달았다. 이 젊은 여자는 내 에너지를 빨아들이는 뱀파이어 같았다. 내 상태가 어떻든 상관없이 내게서 원하는 걸 얻으려 했고, 그 대가로 내게 아무것도 주지 않았다. 더군다나 너무 급하게 서두르는 바람에 원하는 정보를 얻어가지도 못했다. 그런 식으로 나를 거칠게 대하자 나는 스스로 아무짝에도 쓸모없는 사소한 존재로 느껴졌다. 말도 어찌나 빠른지 쉴 새 없이 떠들었고, 귀먹은 사람을 대하듯 고함을 쳐댔다. 나는 그녀의 우둔하고 무지한 행동을 지켜보기만 했다. 그녀는 바빴지만, 나는 뇌졸중 환자였다. 애초에 상대가 되지 않았다! 그녀가 인내심을 갖고 친절하게 대했다면 나에게서 더 많은 정보를 얻었을지도 모른다. 하지만 그녀는 나더러 자신의 시간과 속도에 맞춰야 한다며 고집을 부렸고, 우리 둘 다 만족할 수 없었다. 그녀의 요구는 짜증스러웠고, 이런 뜻밖의 대치 상황에 나는 녹초가 되어버렸다. 이럴 줄 알았다면 경계 태세를 취해 소중한 내 에너지를 보호하는 건데.

그때 얻은 최고의 교훈은, 재활 과정에 있을 때 나를 돌보는 사람이 성공하느냐 실패하느냐는 내게 달려 있다는 사실이다. 마음을 여느냐 마느냐 하는 결정은 내 소관이었다. 나와 교감을 나누고, 부드럽고 적절하게 나를 만져주고, 눈을 마주보며 차분하게 말을 건네면서 에너지를 주는 사람에게는 마음을 열었다. 긍정적인 대우에는 긍정적으로 반응했다. 반면 나와 교감하지 않고 기운을 빼는 사람을 대할 때는 그들의 요청을 무시하고 자신을 보호했다.

회복하기로 마음먹은 것은 쉽지 않은 인지적 결단이었다. 나는 영원한 우주의 흐름에 몸을 맡긴 채 더없는 희열을 느끼는 것이 좋았다. 누군들 안 그랬겠는가? 그곳은 아름다웠다. 내 영혼이 자유롭고 거대하고 평화롭게 빛났다. 나를 집어삼킨 희열에 빠져 회복이 대체 무슨 의미가 있는지 질문해야 했다. 좌뇌가 제대로 기능하게 된다면 분명 이로운 점이 있었다. 무엇보다 외부 세계와 다시 상호작용을 할 수 있을 터였다. 하지만 이렇게 불구가 된 상황에서는 혼란스러워 보이는 세상을 주목하는 일이 고통스럽기만 할 것 같았다. 게다가 회복을 위해서 엄청난 노력을 들여야 한다는 게 두려웠다. 과연 회복이 그렇게 중요할까?

솔직히 예전보다 더 좋아진 점도 있었다. 회복이라는 미명 하에 내가 새롭게 얻은 통찰을 망가뜨리고 싶지 않았다. 나 자신이 유동체여서 좋았다. 내 영혼이 우주와 하나이며 주위의 모든 것과 함께 흘러가는 것이 황홀했다. 에너지의 역동성과 보디랭귀지에 주목할 수 있어서 좋았다. 무엇보다 존재의 중심으로 흘러드는 깊은 내적 평화의 감각이 마음에 들었다.

사람들이 차분하게 나의 평온한 마음을 존중해주는 세상에 있고 싶었다. 감정을 읽는 능력이 고양되자 다른 사람들의 스트레스를 극도로 민감하게 느끼게 되었다. 회복이라는 것이 그들처럼 항상 스트레스를 느끼는 삶을 의미한다면 회복하고 싶지 않았다. 관찰하되 관여하지 않음으로써 내 일과 감정을 다른 사람들의 일과 감정으로부터 분리하는 편이 더 쉬운 일로 여겨졌다. 심리치료사 매리앤 윌리엄슨이 이렇게 말했듯이 말이다.

"내가 또다시 쥐가 되지 않고도 쥐들의 경쟁에 다시 뛰어들 수는 없을까?"

같은 날 아침, 또 다른 의대생 앤드루가 와서 신경 검사를 다시 했다. 허약해진 내 몸은 덜덜 떨렸다. 혼자 서는 것은 고사하고 앉아 있기도 버거웠다. 하지만 그는 부드러우면서도 확고한 손길로 나를 편하게 대했다. 조용하게 말했고 내 눈을 마주보았으며 필요하면 말을 반복해주었다. 한 인간으로서 나를 존중하는 것이 느껴졌다. 그가 앞으로 좋은 의사가 되리라는 확신이 들었다. 과연 그랬기를 바란다.

내 담당 의사는 당시 매사추세츠 종합병원 신경과 과장으로 있던 앤 영(나는 그녀를 '신경학의 여왕'이라 부른다)이었다. 하버드 뇌조직 자원센터에서 일하면서 그녀에 관한 명성을 오래전부터 들어온 터였다. 2년 전 뉴올리언스에서 열린 연례 신경과학 학술대회의 자문위원 오찬회에서 영광스럽게도 그녀의 옆자리에 앉았고, 거기서 나는 정신병 진단을 받은 사람들을 대상으로 연구를 위해 뇌를 기증해달라는 캠페인을 벌이고 있다고 설명했다. 그때 우리는 전문가로서 만났고, 이날 아침 병원에서 다시 만날 때까지 특별한 관계를 맺고 있었다.

작동을 멈춘 많은 뇌 회로 중에서 특히 당혹스러움을 담당하는 회로가 망가져서 다행이었다. 앤이 어미 뒤를 졸졸 따라다니는 새끼 오리들 같은 의대생들을 데리고 아침 회진을 하러 내 방에 왔다. 신경학의 여왕과 수행원들이 도착했을 때, 나는 벌거벗은 채 엉덩이를 공중에 쳐들고 스펀지로 몸을 씻고 있었다!

앤은 부드럽고 친절한 눈으로 내 눈을 똑바로 쳐다보며 웃었다. 그러고는 내 발을 쓰다듬으며 내가 편안한 자세를 취할 수 있도록 도와주었다. 이어 내 옆에 서서 내 팔을 부드럽게 쥐고는 속삭였다. 의대생들이 아니라 내게 말이다. 침대 위로 몸을 숙여 내가 자신의 목소리를 들을 수 있도록 얼굴을 가까이 댔다. 비록 말을 알아듣지는 못했지만 그녀의 의도만큼은 완벽히 이해했다. 앤은 내가 멍청한 게 아니라 다쳤을 뿐임을 알았고, 내 신경 회로 가운데 어디가 멀쩡하고 어디가 고장 났는지 알아내는 것이 자신의 일임을 분명히 파악하고 있었다.

앤은 학생들에게 신경 검사에 대해 가르쳐도 되겠냐고 내게 공손하게 물었다. 나는 동의했다. 그녀는 내가 더 이상 자신의 도움이 필요하지 않다는 확신이 들 때까지 내 곁을 떠나지 않았다. 병실을 나가기 전 내 손을 꼭 잡고 발가락을 만져주었다. 그녀가 내 담당 의사라고 생각하니 마음이 그렇게 편할 수가 없었다. 나를 이해해주는 것이 느껴졌다.

조금 뒤에 뇌의 혈관 상태를 확인하기 위해 혈관조영술 검사를 받아야 했다. 내가 정확히 어떤 유형의 뇌출혈을 겪었는지 확인하는 검사였다. 다친 나에게 동의서 서명을 요구하는 게 이상했지만 아무튼 정책은 정책이었다! 어디까지가 서명을 할 수 있는 '건전한 마음과 몸'의 상태인지 그 누가 정의할 수 있겠는가.

나쁜 소식은 빨리 퍼진다. 내가 뇌졸중에 걸렸다는 소식이 맥린 병원과 NAMI 회원들의 연락망을 타고 급속하게 퍼졌다. NAMI 최연소 임원으로 선출된 내가 37세의 나이에 뇌졸중이라니.

오후에 같이 일하던 동료 두 명이 병원으로 찾아왔다. 마크와 팸은 껴안고 있으라며 작은 곰 인형을 가져왔다. 나는 그들의 친절함에 감동했다. 처음 내 소식을 듣고 많이 놀랐을 텐데도, 내게 긍정적인 에너지를 주려고 애썼다. "너는 질 테일러야. 금방 괜찮아질 거야!"라고 말하며 나를 격려했다. 회복 과정에서 이런 자신감은 무척이나 중요하다.

둘째 날이 저물 무렵에는 혼자서 몸을 뒤집고, 부축을 받아 침대 가장자리에 앉고, 누군가에 기대어 똑바로 일어설 수 있을 만큼의 에너지가 비축되었다. 물론 이런 일을 하느라 힘이 바닥났지만 그래도 그만하면 놀라운 발전이었다. 왼팔의 힘이 아주 약했고 계속 욱신거렸는데, 어깨 근육을 사용해 팔을 움직일 수 있었다.

하루 종일 간헐적으로 내 몸에 힘이 차올랐다가 바닥나기를 되풀이했다. 잠을 자면 에너지가 조금 저장되었는데, 움직이거나 생각하면 에너지가 바닥나버렸다. 그러면 몸이 흐느적거렸다. 다시 잠을 자는 수밖에 없었다. 그래서 항상 에너지가 내 안에 얼마나 남았는지 면밀히 확인해야 했다. 에너지를 보존하는 법과 잠을 자며 보충하는 법을 익혔다.

늦은 밤 스티브가 찾아와 어머니가 다음 날 아침 일찍 보스턴에 도착할 예정이라는 소식을 전해주었다. 처음에는 어머니가 무엇인지 이해하지 못했다. 어머니라는 개념마저 사라진 것이었다. 그날 밤 깨어 있는 내내 '어머니, 어머니, 어머니'라고 반복하며 조각을 짜 맞추려고 노력했다. 해당 파일을 찾고 열어 살폈다. 기억하기 위해서 단어를 계속 반복했다. 마침내 어머니가 무엇을 의미하는지 이해할 수 있었다! 내일이면 그녀가 온다니 흥분되었다.

여덟.

어머니가 오다

사흘째 되는 날 아침, 신경 집중치료실에서 나와 무척 흥미로운 환자
와 같은 방을 쓰게 되었다. 간질 환자였는데, 수많은 전극과 전선이
온갖 방향으로 비어져 나온 커다란 흰색 수건을 머리에 쓰고 있었다.
전선들은 그녀 옆에 일렬로 놓인 여러 기록 장비에 연결되어 있었다.
침대와 의자와 욕실을 자유롭게 오가기는 했지만, 그녀의 모습은 참
으로 충격적이었다. 방문객들이 그녀를 보면 분명 메두사를 닮았다
고 생각할 터였다. 지루했는지 그녀는 나를 찾아온 사람들에게 말을
걸었다. 하지만 나는 침묵을 간절히 원했고 감각 자극은 가급적 최소
이기를 바랐다. 그녀 뒤에 놓인 텔레비전 소리가 내 에너지를 고통스
럽게 갉아먹었다. 치료에 도움이 될 줄 알았는데 전혀 아니었다.

　이날 아침, 병실 안에는 흥분에 찬 공기가 떠다녔다. 동료들인 베
네스 교수와 스티브가 이미 와 있었고 여러 의사들이 근처에서 왔다

갔다 했다. 혈관조영술 검사 결과가 나와서 내 치료 계획을 세우는 모양이었다. 어머니가 내 방에 들어오던 순간이 생생히 기억난다. 그녀는 내 눈을 똑바로 쳐다보면서 침대 옆으로 왔다. 우아하고 차분한 태도로 방 안의 사람들에게 인사를 한 다음 침대 위로 올라와 내 옆에 앉았다. 그러고는 포근하게 나를 안아주었다. 잊지 못할 순간이었다. 더 이상 내가 하버드 소속 박사가 아니라 다시 아기가 되었다는 것을 그녀도 알고 있었다. 그녀는 엄마로서 할 일을 했을 뿐이라고 말한다.

하지만 나는 잘 모르겠다. 엄마의 딸로 태어난 것이 나의 첫 번째이자 가장 큰 축복이었다면, 다시 엄마의 아기로 태어난 것은 나에게 가장 큰 행운이었다.

엄마의 사랑에 푹 파묻혀 큰 만족감을 느꼈다. 그녀는 친절하고 상냥했고 약간 별난 구석이 있었지만, 정말 멋진 사람이었다. 내게는 완벽한 순간이었다. 누가 그 이상을 바라겠는가? 나는 방광에 요도 도관을 삽입해서 침대 밖으로 나가지 못하는 상황이었다. 그때 친절한 이 여인이 내 삶으로 들어와 나를 사랑으로 감싸준 것이다!

의사들이 모여 논의를 시작했다. 경과보고가 있었고 주요 인물들이 다 참석했다. 앤 영이 차분하게 나를 쳐다보며 이야기했다. 마치 내가 말을 알아듣기라도 한다는 듯이. 그녀가 다른 사람들을 보면서 나에 대해 말하지 않아줘서 고마웠다. 먼저 그녀는 동정맥 기형을 전공한 신경외과 의사 크리스토퍼 오길비를 소개했다. 오길비는 혈관조영술 검사 결과 나의 뇌에서 동정맥 기형이 확인되었고, 이 선천적인 기형 때문에 출혈이 일어났다고 설명했다. 나는 예전부터 약을 먹어도 듣지 않는 편두통을 앓아왔다. 그런데 의사들이 그것에 대해, 편두통이 아니라 수년 동안 출혈이 조금씩 있었던 것으로 보인다고 예상했다.

나는 사람들이 무슨 말을 하는지 거의 알아듣지 못했지만, 비언어적으로 전달되는 정보에 초점을 맞췄다. 말을 주고받을 때 사람들 얼굴에 떠오른 표정이나 목소리 톤, 몸짓이 내 주의를 끌었다. 짓궂게도 이 모든 소동이 내 상황의 중대성 때문이라는 것을 느끼자 마음이 편해졌다. 심장 발작이 아니라 방귀 같은 것 때문에 이렇게 의료진들이 모여 회의를 하지는 않으니까 말이다.

오길비가 뇌혈관 문제를 설명하자 방 안의 분위기가 긴박해졌다. 그는 동정맥 기형의 나머지 부분과 골프공 크기의 핏덩이를 제거하는 개두 수술을 해야 한다고 했다. 어머니는 이 말을 듣자마자 이성을 잃고 흥분했다. 오길비는 수술로 동정맥 기형을 제거하지 않을 경우 또다시 출혈이 일어날 가능성이 다분하며, 그렇게 되면 그때는 어떤 방법도 도움이 안 될 수 있다고 했다.

솔직히 나는 그들이 무슨 제안을 하는지 제대로 알아듣지 못했다. 언어를 이해하는 뇌세포가 피 웅덩이 속에서 뒹굴고 있기 때문이기도 했지만, 무엇보다 그들의 대화가 너무 빨랐다. 나는 흡입 기구를 대퇴동맥을 통해 뇌에 집어넣어 흘러넘친 피를 닦아내고 위험하게 뒤엉킨 혈관을 제거하자는 계획으로 알아들었다. 그런데 알고 보니 내 머리를 절개해서 열 계획이었다! 나는 소스라치게 놀랐다. 자부심 강한 신경해부학자라면 절대로 자신의 머리를 열도록 허락하지 않을 것이다! 꼭 학술적인 이유가 아니라 직관적으로 생각해봐도, 흉강과

복강, 두개강 사이의 압력 역학이 섬세한 균형을 이루고 있는데, 개두 수술 같은 중대한 침입이 일어나면 모든 에너지가 다 빠져나가 상태가 악화될 게 뻔했다. 안 그래도 기력이 떨어진 상태에서 머리까지 열게 되면 내 몸과 인지능력이 영영 회복되지 않을지도 모른다는 생각이 들었다.

나는 어떤 상황에서도 머리를 여는 수술은 절대 허락할 수 없다고 모두에게 분명히 알렸다. 몸은 이미 완전히 위축되어 있었다. 이런 상태에서 또다시 심각한 타격을 받으면(설령 고도로 계산된 타격일지라도) 내가 버틸 수 없다는 것을 아무도 이해하지 못했다. 그럼에도 여기 모인 사람들이 하자는 대로 하는 수밖에 없었다.

결국 개두 수술을 잠정적으로 보류하기로 하고 논의를 마쳤다. 하지만 내가 수술을 결심하도록 설득하는 일이 어머니의 몫임을 (나를 제외한) 모두가 다 알고 있었다. 동정심이 많은 어머니는 내가 두려워한다는 것을 눈치채고는 이렇게 위로했다.

"괜찮아, 아가, 수술을 꼭 하지 않아도 돼. 하지만 동정맥 기형을 제거하지 않으면 언제라도 다시 출혈이 일어날 가능성이 있어. 만약 그러면 나랑 같이 살지 뭐. 옆에서 평생 보살펴줄게!"

어머니는 멋진 여성이었지만 평생 그녀 옆에서 신세를 지고 싶지는 않았다. 이틀 만에 나는 동정맥 기형 제거 수술을 받기로 동의했다. 이제 다가올 타격을 견디기 위해 앞으로 몇 주 동안 힘을 길러야 할 차례였다.

뇌졸중이 일어나고 며칠 동안 내 기력은 마치 충전용 배터리처럼 잠을 자면 채워지고 힘을 쓰면 소진되었다. 나는 내 노력이 제일 중요하다는 것을 일찌감치 깨달았다. 가령 침대에서 몸을 들어올리는 데 필요한 힘을 확보하기까지 계속해서 몸을 흔들고 또 흔들었다. 이런 흔들기 단계에서는 흔들기만이 중요하다는 것을 인식해야 했다.

일어나 앉으려는 최종 목표에 집중하는 것은 현재의 내 능력을 훨씬 벗어나는 일이므로 현명하지 못한 처사였다. 만약 일어나 앉는 것을 목표로 삼고 시행착오를 거듭했다면, 내 무능에 실망해서 지속적인 노력을 멈춰버렸을지도 모른다. 하고자 하는 행동을 작은 단계들로 나누어 하나하나 실행해서 성공을 거두면 축하의 의미로 잠을 자고 다시 시도하는 패턴을 반복했다. 조금씩 몸을 흔드는 폭을 넓혔다. 몸 흔들기에 충분히 능숙해졌다 싶으면, 다음에는 보다 열정적으로 몸 흔들기를 시도했다. 편안하게 몸을 흔들 수 있는 단계가 되자 몸을 위로 드는 동작에 도전했다. 오직 몸을 들어올리는 일에만 집중했다. 계속 연습하다 보면 일어나 앉는 동작으로 자연스럽게 이어졌다. 이렇게 연속적으로 작은 성공을 이루며 만족을 느꼈다.

내가 발휘할 수 있는 능력 수준에 완전히 도달하면 다음 단계로 넘어갔다. 우아하게 통제력을 발휘해가며 동작을 반복할 수 있어야 다음 단계의 새로운 능력 습득이 가능했다. 사소한 모든 동작 하나하나에 시간과 에너지가 들었고, 그렇게 힘을 쓰고 나면 수면으로 기력을 보충해야 했다.

넷째 날까지도 뇌가 가급적이면 자극을 피하려 했으므로 대부분의 시간을 잠을 자며 보냈다. 그렇다고 우울했다는 뜻은 아니다. 뇌가 감각의 과부하에 걸려 정신없이 밀려드는 정보를 제대로 처리하지 못한 것이었다. 어머니와 나는 회복을 위해 무엇이 필요한지 가장 잘 알고 있는 것은 뇌라고 판단했다. 불행히도 뇌졸중 환자들은 대부분 원하는 만큼 잠을 푹 잘 수 있는 형편이 못 된다. 하지만 내 경우 수면이야말로 뇌가 새로운 자극에서 벗어나 휴식을 취할 수 있는 방법이라 생각했다. 나의 뇌는 물리적으로 손상된 상태여서 감각계를 통해 들어오는 정보가 뒤죽박죽 섞여 혼란스러운 게 분명했다. 방금 경험한 일을 이해하려면 뇌가 조용히 쉴 수 있는 시간이 필요했다.

내게 수면은 파일을 정리하는 시간이었다. 파일을 제때 정리하지 않으면 사무실이 얼마나 뒤죽박죽이 되는지 다들 알 것이다. 뇌도 마찬가지였다. 매 순간 쏟아져 들어오는 정보를 조직하고 처리하고 정리할 시간이 필요했다.

몸의 회복과 인지력 회복 두 가지를 동시에 하는 것은 힘겨웠으므로 선택을 해야 했다. 먼저 신체 단련에 대해 말하자면, 몸의 기본적인 안정성을 회복하는 데 상당한 진전이 있었다. 이제 쉽게 일어나 앉을 뿐만 아니라 옆에서 도와주면 일어서서 복도를 조금 걷는 것도 가능했다. 아직 공기를 밖으로 밀어낼 힘이 없어서 목소리는 약했다. 나지막한 속삭임밖에 나오지 않았고 그마저 뚝뚝 끊겼다. 적절한 단어를 찾느라 버둥거렸고 의미를 혼동할 때가 잦았다. 머릿속으로 물을 생각했는데 우유라는 말이 나온 적도 있었다.

인지력 면을 보자면, 나는 내 존재를 이해하고자 노력했다. 여전히 과거나 미래의 관점에서 생각할 수 없었으므로 현재 순간을 짜 맞추느라 많은 정신적 에너지를 소모했다. 대단히 어려운 일이었지만 그래도 발전이 있었다.

의사가 회진을 돌 때 세 가지를 기억하라고 한 후 회진이 끝날 무렵 그 세 가지가 무엇이었는지 묻곤 했는데, 점차 이 상황에 익숙해져갔다. 하루는 의사가 소방관, 사과, 휘푸어윌 드라이브 33번지를 기억하라고 했다. 이때까지 나는 기억 과제를 제대로 처리하지 못했다. 그래서 이날은 의사가 말한 다른 것은 다 잊더라도 세 가지만큼은 마음속에 계속 담아두고 반복해서 기억했다가 제대로 말하리라 다짐했다. 회진이 끝나고 의사가 내게 질문하자 나는 자신 있게 "소방관, 사과, 휘푸어윌 드라이브 땡땡번지"라고 말했다. 그러면서 정확한 주소가 기억나지 않지만, 맞는 집을 찾을 때까지 집집마다 문을 두드려 확인하겠다는 말을 덧붙였다! 어머니가 이 말을 듣더니 안도의 한숨을 내쉬었다. 그녀에게 내 대답은 뇌가 제대로 기능하고 있다는 표시였고, 내가 세상에서 다시 제자리를 찾을 수 있으리라는 희망이었다.

같은 날 앤드루가 어김없이 내 방에 들렀다. 그는 인지능력을 평가하는 게임으로 100에서 7씩 뺀 숫자들을 차례로 말해보라고 했다. 수학을 이해하는 뇌세포들이 망가져 있기에 특히나 어려운 과제였다. 나는 다른 사람에게 물어 처음의 숫자 몇 개가 무엇인지 알아낸 다음, 앤드루가 와서 같은 과제를 내면 서너 개가량 올바른 숫자를 댔다. 그러고는 곧바로 내가 속임수를 썼으며 실은 이 과제를 어떻게 풀어야 할지 전혀 모르겠다고 고백했다. 뇌의 몇몇 부위가 제대로 작동하지 않는 대신 다른 부위가(이 경우 계획을 세우는 뇌가) 잃어버린 능력을 보상한다는 것을 그가 이해해주기를 바랐다.

닷새째 날에 나는 수술을 견디는 데 필요한 체력을 키우기 위해 집으로 돌아갔다. 물리치료사가 계단 오르는 법을 가르쳐주고는 나를 어머니의 품에 맡겼다. 어머니가 보스턴 시내를 마치 인디애나 시골 길처럼 운전해서 가는데 어찌나 위태위태하던지! 햇빛을 가리려고 옷으로 얼굴을 덮었다. 나는 집으로 돌아가는 내내 기도했다.

수술을 준비하며

1996년 12월 15일, 내가 살던 윈체스터 아파트로 돌아왔다. 여기서 채 2주가 남지 않은 수술에 대비해야 했다. 내가 사는 집은 두 가족이 사는 2층이었기 때문에 엉덩이를 바닥에 붙이고 주저앉아 계단을 하나씩 올라야 했다. (이건 물리치료사가 가르쳐준 방법이 아니었다!) 마지막 계단을 오르자 기력이 다 빠져 뇌가 수면을 갈망했다. 아무튼 마침내 집에 돌아온 것이다. 외부의 방해 없이 구멍에 틀어박혀 동면을 취할 수 있는 내 집. 몸 전체가 회복에 필요한 평온함을 원했다. 나는 물침대에 털썩 쓰러져 정신을 잃었다.

어머니가 나를 보살펴줘서 얼마나 다행이었는지 모른다. 물론 그녀는 자기가 무엇을 해야 하는지 전혀 몰랐다고 말할 것이다. 하지만 그녀는 자연스럽게 순리대로 하나씩 해나갔다. 그녀는 내가 A에서 C로 나아가려면 A를 배우고 B를 배우고 C를 배워야 한다는 것을 직관적으로 이해했다. 다시 유아기로 돌아가 사실상 모든 것을 처음부터 배워야 할 판이었다. 나는 완전히 기본으로 돌아갔다. 걷는 법, 말하는 법, 읽는 법, 쓰는 법, 퍼즐을 맞추는 법을 배웠다. 신체의 회복 과정은 정상적인 발달 단계와 비슷했다. 각각의 단계를 익혀 자연스럽게 다음 단계로 넘어가는 식이었다. 일어나 앉으려면 먼저 몸을 흔들고 일으켜 세우는 법을 체계적으로 익혀야 했고, 그런 다음 몸을 앞으로 흔들어 일어서는 법을 배웠다. 이렇게 첫발을 뗐고, 어느 정도 안정되게 두 발로 섰고, 이어 혼자서 계단을 올랐다.

가장 중요한 것은 시도하려는 의지였다. 일단 시도해야 했다. 시도한다는 것은 뇌에게 '이봐, 이쪽 연결이 중요해. 연결을 만들어보고 싶어' 하고 말하는 것이다. 수천 번을 시도했는데 아무 성과가 없다가 어느 순간 약간의 성과가 보일 수도 있다. 그러나 시도하지 않았다면 영영 일어날 수 없었을 것이다.

어머니는 내게 침대와 욕실 사이를 왔다 갔다 하며 걷는 연습을 시켰다. 이것만으로도 하루가 벅찼다! 걷기가 끝나면 여섯 시간을 자야 했다! 처음 며칠은 그렇게 지났다. 잠으로 회복한 에너지는 욕실까지 가거나 먹거나 잠깐 동안 껴안는 데 몽땅 쓰였다. 이어 다음 단계 연습 때까지 다시 잤다. 욕실까지 가는 경로를 익히자 이제 일어나 앉아 음식을 먹을 수 있는 거실 소파로 갔다. 숟가락을 세련되게 사용하는 법을 배우는 것도 상당히 고생스러웠다.

어머니와 나 모두 극도의 인내심을 갖고 노력하지 않았다면 이렇게 성공적으로 회복되지는 못했을 것이다. 우리는 내가 할 수 없는 것 때문에 슬퍼하지 않았다. 대신 내가 할 수 있는 것에 칭찬을 아끼지 않았다. 내가 외상으로 고통받는 동안 어머니가 가장 즐겨 한 말은 "더 나쁠 수도 있었어!"였다. 정말 그랬다. 표면에 드러난 상황은 참혹했지만 훨씬 더 나쁠 수도 있었다. 어머니는 이 과정에서 정말 대단한 일을 해주었다. 나는 막내였고, 그녀는 내가 설음마를 뗄 때부터 무척 바쁘게 일했다. 그래서 이렇게 다시 어머니에게 의지하며 보살핌을 받을 기회가 생긴 것이 기뻤다. 그녀는 포기할 줄 몰랐고 끝까지 친절했다. 한 번도 목소리를 높이거나 나를 비난하지 않았다. 따뜻하고 사랑스러운 여인이었다. 내가 잘하든 못하든 상관하지 않았다. 우리는 회복 과정을 함께했으며, 모든 순간이 새로운 희망과 가능성으로 빛났다.

우리는 발전해가는 나의 능력에 대해 이야기하며 자축하곤 했다. 어머니는 어제는 내가 이것밖에 못했는데 오늘은 이만큼이나 했다는 식으로 이야기하기를 좋아했다. 내가 무엇을 할 수 있는지, 목표를 이루기 위해 다음 단계로 나갈 때 어떤 걸림돌이 있는지 금세 알아챘다. 어머니는 다음 목표가 무엇인지 내게 명쾌하게 설명했고, 그것을 이루기 위해 내가 무엇을 해야 하는지 이해시켰다. 나의 세세한 변화를 놓치지 않았다. 뇌졸중 환자 중에는 더 이상 회복이 되지 않는다며 불평하는 이들이 많다. 그런데 그들이 이루고 있는 작은 성취에 주목하지 않는 것이 진짜 문제가 아닐까 싶다. 할 수 있는 것과 할 수 없는 것을 명확히 볼 줄 알아야 다음에 무엇을 할지 판단할 수 있다. 그러지 않으면 절망이 회복을 가로막는다.

어머니는 에어 매트리스에 공기를 넣어 거실 바닥에 깔고 거기서 주무셨다. 식료품 쇼핑, 전화 통화, 영수증까지 모두 어머니가 처리했다. 무엇보다 내 사정을 잘 헤아려 마음껏 잘 수 있게 해주었다. 우리는 우울해서 자는 경우가 아니라면 수면이 치료에 도움이 된다고 생각했다.

집에 돌아온 뒤로 우리는 뇌가 알아서 일정을 정하도록 내버려두었다. 보통 수면 주기는 90분에서 110분 정도라고 하지만 나는 6시간가량 자고 20분간 깨어 있었다. 외부의 자극에 의해 일찍 깨어나면 다시 잠을 청해야 했고, 주기가 처음부터 다시 시작됐다. 이렇게 하지 않으면 심한 두통과 짜증이 몰려와서 감각 자극을 가려내거나 집중하기가 어려웠다. 나는 잠을 방해받지 않으려고 귀마개를 착용했고, 어머니는 텔레비전 소리를 죽이고 전화도 조용히 받았다.

며칠 잠을 푹 자서 기력이 다시 채워지자 좀더 오랫동안 버틸 수 있는 힘이 생겼다. 어머니는 무슨 일이든 척척 해냈다. 시간과 에너지를 전혀 낭비하지 않았다. 나는 깨어 있을 때면 무엇이든 배웠고, 어머니는 내 손에 뭔가를 들려주거나 운동을 시켰다. 그러다가 졸음이 몰려오면 뇌가 정보를 받아들일 수 있는 능력이 최대치에 달했다는 것을 존중해, 침대에서 쉬면서 뇌의 컨디션을 조절했다.

어머니와 함께 삶의 가능성을 탐구하고 파일을 복구하는 일은 무척 즐거웠다. 그녀는 내가 무엇을 생각하고 있는지 알기 위해 단답식 질문을 해봤자 아무 소용이 없다는 것을 금방 깨달았다. 나는 별로 관심이 없는 것에는 정신을 놓치기 일쑤였다. 어머니는 내 뇌가 기능하고 있는지 확인하고 싶을 때면 주관식 질문을 했다. 가령 그녀가 "점심으로 야채 수프 먹을까?"라고 물으면, 나는 야채 수프가 무엇인지 알아내려고 뇌 속의 정보를 뒤지기 시작했다. 그게 무엇인지 이해하고 나면, 이제 "그게 싫으면 구운 치즈 샌드위치도 있는데"라며 또 다른 선택을 제시했다. 그러면 나는 다시 구운 치즈 샌드위치가 무엇인지 알아내기 위해 뇌를 분주하게 놀렸다. 그렇게 헤시 이비시가 떠오르고 이해가 되면 이번에는 "참치 샐러드는 어때?" 하고 질문했다. 나는 '참치, 참치, 참치'를 반복해보았지만 이미지나 의미가 떠오르지 않았다. 그래서 "참치?" 하고 물으니까 어머니는 "바다에서 나는 생선, 참치 말이야. 마요네즈, 양파, 셀러리를 넣고 버무리는 흰색 고기"라고 설명했다. 결국 내가 참치 샐러드에 해당하는 파일을 찾지 못하자 점심으로 그것을 먹기로 했다. 옛 파일을 찾지 못하면 새 파일을 만들자. 이것이 우리의 전략이었다.

전화벨이 끊임없이 울렸고 어머니는 우리가 매일매일 이룬 성공을 사람들에게 부지런히 알렸다. 그녀에게는 우리가 얼마나 잘 해냈는지 알릴 사람이 있다는 게 중요했다. 그리고 그녀의 그런 적극적인 태도가 내게 큰 힘이 되었다. 물론 나에게도 우리가 얼마나 큰 진전을 보였는지 이야기해주었다. 가끔 친구들이 찾아오기도 했다. 어머니는 사교 활동이 내 에너지를 고갈시켜 기진맥진하게 만들고 훈련에 집중하지 못하게 한다는 사실을 깨달았다. 친구들의 방문보다는 내 마음을 제자리에 돌려놓는 일이 더 중요하다고 판단하고, 나의 사교 생활을 까다롭게 통제했다. 텔레비전도 내 에너지를 고갈시키는 주범이었다. 게다가 나는 입술을 읽어 시각 정보로 활용해야 했으므로 전화 통화도 불가능했다. 우리는 회복을 위해 지금 해야 할 일과 하지 말아야 할 일을 분명히 구분했다.

우리는 가급적 빨리 뇌를 치료하고 신경계를 자극해야 한다는 것을 직감적으로 알았다. 뉴런들이 얼어붙은 상태였지만 전문적 관점에서 볼 때 실제로 죽은 뉴런은 거의 없었다. 수술을 받고 2주가 지날 때까지 공식적인 언어치료나 작업치료occupational therapy¹, 물리치료를 받지 않을 생각이었다. 그러나 나의 뉴런들은 학습을 원했다. 뉴런은 다른 뉴런과 회로로 연결되면 살아나고, 자극 없이 고립된 채로 있으면 죽는다. 어머니와 나는 나의 뇌를 정상으로 되돌리는 것이 급선무였으므로 매 순간 소중한 에너지를 적극적으로 활용했다.

친구 스티브가 어린 두 딸이 읽는 책과 장난감을 가져다주었다. 가방 속에는 아이들이 갖고 노는 퍼즐과 게임도 들어 있었다. 어머니는 연령대에 맞는 활동들을 훤히 꿰뚫고 있어서 내가 깨어나 기력이 있을 때면 부지런히 움직이도록 도와주었다.

인지적 활동과 신체 활동을 가리지 않았다. 어느 쪽으로 에너지를 사용해도 힘이 드는 건 마찬가지였기에 전략을 잘 세워 인지력과 근력을 골고루 회복하도록 노력했다. 내가 도움을 받아 조금씩 걸어 다닐 수 있게 되자 어머니는 내 인생을 돌아보게 하는 순례 여행을 계획했다. 예전에 스테인드글라스 작업실로 꾸며놓은 방부터 미술 순례를 시작했다. 방을 둘러보며 깜짝 놀랐다. 이토록 화려하고 멋진 유리 작품이라니! 무척이나 기뻤다! 나는 미술가였던 것이다. 이어 그녀가 나를 음악 방으로 데려갔다. 기타 줄을 튕기고 첼로를 만지자

---

1 환자에게 가벼운 신체적 작업을 시켜 정상적인 기능을 회복하도록 하는 치료법.
[옮긴이 주]

내가 누렸던 인생의 풍요로움이 나를 설레게 했다. 회복하고 싶다는 마음이 절실해졌다.

　뇌 속의 옛 파일들을 여는 것은 세심함이 필요한 일이었다. 이전 삶의 세세한 내용들을 담고 있는 뇌 속의 파일 캐비닛을 전부 되살리려면 어떻게 해야 할까. 모두 예전부터 알고 있던 정보였다. 문제는 정보에 다시 접근하는 방법을 찾는 것이었다. 뇌출혈이라는 심각한 외상을 겪은 지 일주일이 지났는데도 골프공 크기만 한 혈전 때문에 뇌세포들이 아직 제대로 활동하지 못했다. 그 결과 현재의 매 순간이 경험으로 풍성해졌고 절대적인 고립 상태에 있었다. 나는 항상 새롭고 풍성한 순간에 머물렀다. 과거의 기억은 이미지나 느낌으로 어른거리다가 금세 사라졌다.

　어느 날 아침, 이제 내가 퍼즐 놀이를 할 때가 되었다고 판단한 어머니가 퍼즐 상자를 내 손에 올려놓고 덮개의 그림을 쳐다보게 했다. 이어 나를 도와 상자 뚜껑을 열고 내 무릎에 작은 쟁반을 놓고는 퍼즐 조각들을 쏟았다. 퍼즐 맞추기는 아직 손가락 힘이 약하고 세심하게 움직여지지 않는 내게 꽤나 만만치 않은 일이었다. 그래도 나는 누가 하는 것을 보고 따라 하는 데는 선수였다.

　어머니는 퍼즐 조각을 맞추면 덮개에서 본 그림이 완성된다고 설명했다. 그녀는 조각의 똑바른 면을 위로 놓으라고 했다. 내가 똑바른 면을 위로 놓는 게 뭐냐고 물었다. 그러자 퍼즐 조각을 하나 들더니 앞뒤를 구별하는 법을 알려주었다. 차이점을 이해한 나는 모든 조각을 하나하나 살펴보았고, 마침내 12개 조각 모두 똑바른 면을 위로

향하게 놓을 수 있었다. 와우! 대단한 성과였다! 그토록 간단한 정신적·신체적 과제를 수행하는 것만으로도 대단히 힘겨웠다. 나는 집중력을 발휘하느라 기진맥진한 상태였지만, 완성한 후의 짜릿한 성취감 때문에 더 하고 싶었다. 어머니가 다음 과제를 내주었다.

"이제 모서리가 있는 조각을 다 집어봐."

나는 모서리가 뭐냐고 물었다. 이번에도 그녀는 참을성을 발휘해 모서리가 있는 조각을 두 개 집어 보여주었다. 나는 모서리가 있는 것들을 다 골라냈다. 이번에도 엄청난 성취감을 느꼈고 정신적으로는 피로했다. 이번엔 어머니가 이렇게 말했다.

"불룩하게 생긴 조각과 오목하게 생긴 조각을 한데 엮어봐. 불룩 조각과 오목 조각이 크기가 다르다는 것을 염두에 둬."

오른손의 힘이 다 빠져서 퍼즐 조각들을 들고 비교하는 것마저도 엄청 피곤했다. 나를 면밀히 지켜보던 어머니는 내가 덮개의 그림과 완전히 다르게 조각들을 맞추려 한다는 사실을 알아챘다. 그래서 나를 도와주려고 이렇게 말했다.

"질, 색깔을 단서로 활용해봐."

나는 '색깔, 색깔' 하고 혼잣말을 했고, 갑자기 머릿속에 전구가 켜지면서 색깔이 보였다!

'우아, 그렇게 하면 일이 훨씬 수월하겠어!'

다음 날 나는 곧장 퍼즐에 매달렸다. 색깔을 단서로 조각들을 다 맞출 수 있었다. 우리는 내가 전날에는 할 수 없었는데 오늘은 해낸 일을 보며 즐거워했다.

색깔이라는 도구를 활용할 수 있다는 말을 듣고서야 비로소 내가 색깔을 볼 수 있다는 사실을 알게 되었다. 실로 충격이었다. 좌뇌가 색깔이라는 정보를 등록하려면 색깔에 대한 말을 들어야 한다는 것을 누가 상상이나 했을까? 3차원으로 보는 것도 마찬가지였다. 어머니는 사물을 입체적으로 볼 수 있다는 것을 가르쳐주었다. 어떤 물체가 더 가깝거나 멀게 보인다는 것을 지적하면서 거리의 개념을 설명해주었다. 나는 뒤의 물체가 앞에 있는 물체 때문에 가려지는 부분이 생길 수 있으며, 물체의 일부분으로 전체적인 생김새를 추정할 수 있다는 것을 배웠다.

집에 돌아온 지 일주일 정도 지나자 집 안을 꽤 자유롭게 돌아다닐 수 있게 되었다. 의욕이 넘쳐 내 몸을 더 강하게 훈련시킬 방법을 열심히 찾기도 했다. 뇌졸중이 일어나기 전에 내가 가장 좋아하던 허드렛일은 설거지였다. 하지만 이 상황에서는 최고의 스승이기도 했다. 싱크대 앞에 중심을 잡고 서서 깨지기 쉬운 접시와 위험한 칼을 만지작거리는 일이 만만치 않았다. 또한 깨끗한 접시를 선반에 차곡차곡 정렬하려면 놀랍게도 계산 능력이 필요했다. 나는 접시를 깨끗이 씻는 일은 해냈다. 하지만 다 씻은 접시들을 작은 선반에 말끔하게 집어넣으려고 계산을 시작하자 아찔하리만큼 머릿속이 복잡해졌다! 그 방법을 알아내는 데 거의 1년이 걸렸다. 결국 뇌졸중이 일어난 아침에 실제로 죽은 뇌세포들은 수리를 담당하는 세포들뿐이었던 것이다. (어머니가 수학을 가르치며 평생을 보냈으니 이 얼마나 얄궂은 운명인가!)

나는 우편함에서 편지를 꺼내는 일도 좋아했다. 6주 동안 매일 격려의 카드를 5장에서 15장 정도 받았다. 비록 무슨 내용인지 읽지는 못했지만, 매트리스에 앉아 그림을 보고 카드를 만지며 사연에서 드러나는 사랑의 기운을 느꼈다. 어머니는 매일 오후 카드를 읽어주었다. 우리는 아파트 문, 벽과 욕실 등 온갖 곳에 카드를 붙여놓고 사랑을 만끽했다. 대충 이런 사연이 담겨 있었다.

질 박사, 당신은 내가 누구인지 모르겠지만, 피닉스에서 당신이 기조연설을 맡았을 때 만난 적이 있어요. 건강한 몸으로 우리에게 돌아와요. 우리는 당신을 사랑합니다. 당신의 연구는 우리에게 아주 중요하답니다.

뇌졸중에 걸리기 전에 내가 어떤 사람이었는지 알려주는 감동적인 사연들이 매일 도착했다. 이런 무조건적인 지지와 사랑의 힘이 회복이라는 험난한 과제를 앞둔 내게 큰 힘이 되었다는 데는 의심의 여지가 없다. 내게 따뜻한 손길을 내밀어주고 믿어준 친구들과 NAMI 가족들에게 지금도 고마워하고 있다.

읽는 법을 다시 배우는 일은 그 어떤 일보다도 훨씬 힘들었다. 담당 뇌세포가 뇌졸중이 일어났을 때 죽었는지 어땠는지는 모르겠지만, 아무리 생각해봐도 내가 전에 읽을 수 있었다는 사실이 전혀 기억나지 않았다. 읽는다는 개념 자체가 어려웠다. 너무도 추상적인 개념이라서 어떻게 읽을까 노력하는 것은 고사하고, 누군가가 읽는 행위를 생각해냈다는 것조차도 도저히 믿기지 않았다. 어머니는 친절한 감독자였지만 학습에 대해서는 좀처럼 물러서는 법이 없었다. 어느 날 그녀는 『소년이 되고 싶었던 강아지』라는 책을 내 손에 쥐어주었다. 우리는 나의 능력으로는 최고로 힘든 과제에 매달리기 시작했다. 그녀는 먼저 글씨를 이해하는 법을 가르쳤다. 나는 이 꼬불꼬불한 그림이 대체 무슨 의미가 있다는 건지 알 수 없었다. 그녀가 S를 보여주며 "이것은 S야"라고 말했던 기억이 난다. 나는 이렇게 대답했다.

"아니야, 엄마, 그건 그냥 꼬불꼬불 쓴 거잖아."

그러자 그녀는 "이 꼬불꼬불한 글자가 S야. '스으으'라고 소리 나지"라고 했다. 나는 어머니가 정신이 나갔다고 생각했다. 그건 그냥 꼬불꼬불한 그림일 뿐, 아무 소리도 나지 않았다.

읽는 법을 배울 때면 머리가 아팠다. 복잡한 뭔가에 집중하기는 정말 어려운 일이었다. 단순하게 생각하는 것도 사고를 당한 초기에는 뇌에 부담이 컸는데, 심지어 추상적인 과제를 해결하는 것은 도저히 감당이 안 되었다. 읽기를 배우는 데 시간이 많이 걸렸고, 옆에서 지속적으로 동기를 부여해야 했다. 먼저 꼬불꼬불한 그림마다 각기 이름과 연관된 소리가 있다는 것을 이해해야 했다. 이어 꼬불꼬불한 그림들이 모여 특별한 소리의 조합을 만들어낸다는 것을 배웠다. 이런 소리의 조합이 길게 연결되면 의미를 가진 하나의 소리, 즉 단어가 만들어졌다! 맙소사, 한번 생각해보라! 여러분이 책을 읽는 이 순간에도 여러분의 뇌는 엄청나게 많은 양의 사소한 과제를 수행하기 위해 분주히 돌아가고 있는 것이다.

읽는 법을 다시 배우려고 분투하는 동안 나의 뇌 기능은 매일 조금씩 진전을 보였다. 마침내 소리 조합을 크게 읽을 수 있는 수준에 이르렀다. 아직 무슨 뜻인지 이해하지는 못했지만 어쨌든 우리는 이를 축하했다. 날이 지나면서 이야기의 전체 내용을 떠올리는 능력이 향상되었고, 어머니와 나는 차근차근 앞으로 나아갈 의욕을 가질 수 있었다.

다음 단계는 당연하게도 소리와 의미를 결부시키는 일이었다. 어휘력을 되살리는 데 이미 곤란을 겪고 있었던 터라 특히 힘들었다. 혈전이 두 언어 중추 사이를 흐르는 섬유들을 압박하고 있어서 어느 것도 제대로 작동하지 않았다. 뇌 앞쪽의 브로카 영역은 소리를 만들어내는 데 문제가 있었고, 뒤쪽의 베르니케 영역은 명사들을 헷갈려 했다. 정보 처리에 심각한 균열이 일어나 생각을 제대로 표현하지 못할 때가 많았다. 틀린 점을 옆에서 고쳐주면 물론 도움이 되었지만 나 대신 문장을 완성하거나 나를 재촉하는 사람이 없는 쪽이 좋았다. 언어 능력을 되찾으려면 혼자서 뇌 속의 회로를 찾는 꾸준한 연습이 필요했다.

하루가 다르게 근육에 힘이 붙었고 몸 쓰는 일을 더 많이 할 수 있었다. 어머니가 처음으로 나를 밖으로 데리고 나갔던 순간은 인상적이었다. 진입로에 섰을 때 나는 보도블록의 선은 중요하지 않으므로 밟고 넘어가도 괜찮다는 것을 배웠다. 이 말을 듣지 않았다면 몰랐을 것이다. 이어 보도 가장자리에서 잔디로 이어지는 곳에 내리막길이 있어서 자칫 발목을 삘 수도 있으므로 주의가 필요하다는 것도 배웠다. 역시나 내가 몰랐던 사실이었다. 다음엔 잔디밭이 나왔다. 나는 잔디의 질감이 보도의 질감과 달라서 발길이 닿으면 잔디가 살짝 내려앉는다는 것을 엄마의 시범으로 확인했다. 그것을 알아야 집중력이 높아져서 몸의 균형을 잃지 않았다. 어머니는 눈 위를 걷는 기분이 어떤지 느끼게끔 해주었고, 내 발이 얼음 위에서 미끄러질 때 나를 꽉 붙들어주었다. 밖으로 운동을 나갈 때면 무엇이든 각각의 질감이 다른 특성을 갖고 있고 거기에 따르는 위험도 제각각이라는 것을 다시 배워야 했다. 어머니는 계속 이렇게 물었다.

"아기가 물건을 쥐고 가장 먼저 하는 일이 뭐지?"

정답은 물론 입 안에 넣고 감촉을 느낀다는 것이다. 어머니는 내가 근운동 감각을 학습하려면 세상과 직접 몸을 부딪쳐볼 필요가 있다는 것을 알았다. 정말 멋진 교사였다.

다가오는 수술을 견디려면 엄청난 기력이 소모되기 때문에 몸의 힘을 기르는 데 주력했다. 출혈이 일어났을 때 '총명함'이 다 빠져나간 기분이었고 몸은 둔하고 지쳐 있었다. 마치 베일이 나를 감싸 바깥세상으로부터 나를 떨어뜨려 놓은 듯했다. 앤 영은 수술로 뇌에서 혈전을 제거하면 지각이 달라져서 다시 총명해질 거라며 안심시켰다. 정신이 온전히 돌아오기만 한다면 비록 완전히 회복되지 않더라도 그 결과에 만족할 수 있을 것 같았다.

내 아파트는 매사추세츠 주 윈체스터의 분주한 거리에 위치해 있었는데, 노인들을 위한 아파트 단지가 뒤뜰 바로 너머에 있었다. 단지를 지나는 차도가 고리 모양이어서 나는 어머니와 함께 이 도로에서 걷는 연습을 했다. 처음에는 그렇게 멀리 가지 못했지만, 참을성 있게 노력한 결과 마침내 순환로를 한 바퀴 다 돌 수 있었다. 날씨가 좋으면 두 바퀴를 돌기도 했다.

정말 추운 날이나 눈이 내리는 날이면 어머니가 운동 삼아 나를 데리고 식료품 가게에 갔다. 그녀가 안에서 장을 보는 동안 나는 통로를 왔다 갔다 했다. 식료품점은 내게 고통을 주는 환경이었다. 우선

형광등 불빛이 너무 강해서 시선을 계속 아래로 둬야 했다. 어머니는 선글라스를 쓰면 번쩍이는 빛을 차단할 수 있다고 했지만, 공간이 워낙 커서 별 소용이 없었다. 둘째, 사방에 진열된 음식 포장지에 적힌 정보가 너무 많아서 밀려드는 자극의 홍수에 정신을 차릴 수 없었다. 셋째, 처음 보는 사람들을 만나는 일도 감정적으로 힘겨웠다. 다들 내게 장애가 있다는 것을 금방 알아보았다. 얼굴 표정이 맹해서 생기가 없었고, 일반 쇼핑객들과 비교해서 동작은 대단히 조심스럽고 느렸다. 사람들이 장바구니를 들고 내 옆을 빠르게 지나갔다. 심지어 경멸에 찬 표정을 지으며 으르렁대는 사람도 있었다. 주위의 부정적인 기운으로부터 나 자신을 보호하기가 어려웠다. 가끔 나를 도와주거나 미소를 보내는 친절한 사람도 있었다. 하지만 바쁜 세상을 마주하는 것은 두렵고 겁이 나는 일이었다.

나는 어머니를 졸졸 따라다니며 자연스레 일상의 리듬을 익혔다. 힘이 남을 때면 어디든 그녀를 따라다녔다. 훈련 중인 새끼 오리처럼. 세탁소에 가는 일이 멋진 재활 훈련이 되리라고 누가 상상이나 했을까? 아파트에서 밝은 색 옷과 어두운 색 옷을 구분해서 조심조심 가방에 넣었다. 세탁소에 도착해서는 가방 속에 든 빨래를 세탁기에 넣었다. 어머니가 내 손에 25센트, 5센트와 10센트 동전을 쥐어주었다. 돈에 대해 배울 수 있는 기회였다. 이번에도 수학을 이해하는 뇌세포들이 기능하지 않았으므로 돈과 같은 추상적인 대상을 다루려는 시도는 딱할 정도였다. 어머니가 "1 더하기 1이 뭐지?" 하고 물었다. 나는 잠시 멈추어 뇌의 자료를 훑어보고는 "1이 뭐지?" 하고 되물었다. 돈은 고사하고 숫자도 이해하지 못했다. 마치 생소한 화폐를 사용하는 외국에 온 듯했다.

어머니는 모방 학습을 계속시켰다. 세탁기들이 거의 비슷한 사이클로 작동하다가 멈추면 할 일이 없던 내게 갑자기 할 일이 너무 많아졌다. 먼저 세탁기부터 비워야 했다, 이어 건조기에 넣기 전에 무거운 옷과 가벼운 옷을 구분했다. 어머니가 우리의 전략을 내내 설명해주었다. 세탁기를 돌리는 것은 참을 만했지만, 솔직히 건조기를 돌릴 때는 인지적으로 감당하기가 버거웠다! 건조시킬 옷을 들고 가 건조기 문을 열어 빨래를 넣고 재빨리 닫아 건조기가 계속 돌아가게 하는 '건조기 춤'을 추는 것이 내겐 불가능했다. 혼란스럽고 절망한 나머지 쥐구멍에 숨고 싶었다. 거기에 머리를 박은 채로 상처를 핥고 싶었다. 세탁소가 그렇게 고통스러운 장소가 될 줄 누가 상상이나 했을까?

어느새 크리스마스가 코앞으로 다가왔다. 어머니는 내 친구인 켈리를 초대해서 함께 휴일을 보내자고 했다. 세 명이서 함께 아파트를 장식했다. 크리스마스 이브에 우리는 자그마한 트리를 세웠고, 크리스마스에는 데니스에서 외식을 하며 기뻐했다. 어머니와 내가 함께 보낸 크리스마스 중에서 가장 단출하고도 풍성한 크리스마스였다. 나는 살아 있었고 회복 중이었다. 그보다 더 중요한 것은 없었다.

크리스마스는 즐거운 날이었지만, 이틀 뒤면 매사추세츠 종합병원에 가서 뇌 수술을 받아야 했다. 그전에 내가 해야 할 일이 두 가지 있었다. 하나는 정신적인 것이었고 또 하나는 신체적인 것이었다. 언어가 서서히 돌아오고 있었다. 내게 엽서와 편지와 꽃을 보내준 수많은 사람들에게 감사의 말을 전하고 싶었다. 그들에게 내가 잘 있다는 것을 알리고, 그들의 사랑에 감사하고, 앞으로도 계속 기도해달라고 부탁하고 싶었다. 전국 각지의 사람들이 나를 기도 명단에 올려놓고 지역 교회 사람들과 함께 쾌유를 빌어주고 있었다. 나는 이들의 무한한 사랑을 느꼈다. 비록 언어 능력은 제한적이었지만 고마운 심정을 표현하고 싶었다.

어쩌면 수술로 인해 내가 애써 회복한 언어를 잃게 될 뿐만 아니라 앞으로 계속 유창한 언어 생활을 못할 수도 있었다. 골프공 크기만 한 혈전이 좌뇌의 두 언어 중추 사이에서 작동하는 섬유들을 막고 있어서 수술 중에 언어 능력을 잃을지도 몰랐다. 의사가 동정맥 기형을 절제하면서 건강한 뇌조직도 일부 제거해야 하는 상황이 되면, 나는 언어를 영영 사용할 수 없게 되는 것이다. 이제 조금씩 회복해가고 있는 중에 다시 퇴행할 수 있다는 말을 듣자 오싹했다. 그래도 마음 속으로는 결과가 어떻게 나오든, 언어 능력을 잃든 아니든, 나는 여전히 나이고 다시 시작하면 된다고 생각했다.

글을 읽고 펜으로 쓰는 능력좌뇌/오른손은 여전히 참혹한 수준이었지만, 컴퓨터 앞에 앉아서 생각의 흐름에 따라 간단한 글자를 타이핑하는 것양뇌/양손은 가능했다. 키보드 하나하나를 손가락으로 치는 데 많은 시간이 걸렸다. 그래도 몸과 뇌의 연결 덕분에 이렇게라도 할 수 있어 다행이었다. 이 경험에서 가장 흥미로운 것은 내가 글자를 타이핑하고 나서우뇌 방금 쓴 것을 읽지 못한다는 점좌뇌이었다! 내가 타이핑한 편지와 손으로 쓴 메모는 어머니가 편집한 후 수술을 받은 다음 날 사람들에게 보냈다. 뇌졸중을 겪은 이후로 말은 못하지만좌뇌 메시지를 노래로 부를 수 있는^{양녀} 뇌졸중 환자 얘기를 여러 번 들은 적이 있었다. 어떻게든 소통의 방법을 찾으려는 이 아름다운 뇌의 대처 능력과 회복력이 놀라웠다!

정교하고 어려운 수술을 견딜 만한 체력을 키우기 위해 매일 열심히 운동했다. 수술 전에 이루고 싶은 과제가 하나 더 있었다. 아파트에서 나와 5분만 걸어 올라가면 펠스웨이라고 하는, 작은 산악 호수 두 개로 둘러싸인 멋진 숲 지대가 나왔다. 펠스웨이는 내게 마법의 장소였다. 예전에 일과가 끝나면 이곳에 와서 소나무 숲 사이로 난 길을 걸으며 긴장을 풀곤 했는데, 한참을 걸어도 아무도 마주치지 않을 때가 많았다. 나는 이곳에서 노래를 부르고 춤을 추고 깡충깡충 뛰어다니고 기도를 했다. 자연과 소통하며 원기를 회복하는 특별한 곳이었다.

수술을 받기 전에 꼭 한 번 펠스웨이에 가보고 싶었다. 거대한 표석 위에 서서 팔을 활짝 벌리고 바람을 맞으며 생기를 충전하고 싶었다. 수술 전날 켈리와 함께 가파른 언덕길을 올라 원하던 꿈을 이루었다. 보스턴 시내 불빛이 내려다보이는 표석 위에서 바람에 몸을 맡기고, 힘차고 긴 호흡으로 기운을 차렸다. 다음 날 있을 수술이 어떻게 되든 내 몸은 건강한 수조 개의 세포들로 이루어진 생명의 힘 그 자체였다. 뇌졸중 이후 처음으로 내 몸이 개두 수술을 견딜 수 있을 거라는 자신감이 생겼다.

열.

개두 수술 하는 날

1996년 12월 27일 아침 6시, 나는 어머니, 켈리와 함께 수술을 받기
위해 매사추세츠 종합병원에 갔다. 내 인생에서 가장 용기가 필요했
던 순간이었다.

나는 어릴 때부터 긴 금발머리를 고수해왔다. 이날 오길비가 마취
주사를 놓을 때, 나는 그에게 마지막으로 이런 말을 하며 정신을 잃
었다.

"의사 선생님, 나는 서른일곱 살에 아직 미혼이에요. 설마 날 대머
리로 만들지는 않겠죠!"

어머니와 켈리는 수술이 얼마나 길어질지 초조해했다. 늦은 오후,
마침내 내가 회복실에 있다는 말이 그들에게 전해졌다. 눈을 떴을 때
스스로 완전히 달라져 있다고 느꼈다. 총명함이 돌아와 있었고 행복
했다. 이때까지 내 감정은 뭐랄까, 김이 빠진 상태였다. 세상을 멍하

니 바라볼 뿐 감정적 개입이 일어나지 않았다. 출혈 이후로 열정이 사라진 터였는데, 수술을 받은 후에야 나 자신으로 돌아온 듯한 기분이 들었다. 다행이었다. 앞으로 어떻게 되든 마음으로 삶을 기쁘게 맞이할 수 있고 내가 회복되리라는 것을 알았다.

수술에서 깨어나고 얼마 되지 않아 내 머리의 왼쪽 3분의 1이 말끔하게 면도되어 있는 것을 알았다. 귀 앞쪽과 위쪽과 뒤로 각각 8센티미터씩 절개한 흔적이 뒤집힌 U자형을 이루었고, 엄청나게 많은 거즈가 덮여 있었다. 그래도 오른쪽 머리카락은 그대로 있으니 얼마나 다행인지 몰랐다. 어머니는 가까이 오자마자 "아무 말이라도 해봐!"라고 말했다. 혹시 의사가 언어 중추 뉴런을 건드려서 벙어리가 되었을까 봐 걱정한 모양이었다. 나는 나지막한 목소리로 겨우 말할 수 있었다. 둘 다 눈물을 펑펑 흘렸다. 수술은 대성공이었다.

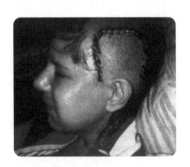

23센티미터 수술 자국

수술이 끝나고 병원에 닷새 동안 머물렀다. 처음 48시간은 아이스 팩을 머리에 대달라고 사정했다. 왜 그런지 모르겠지만 뇌가 불타는 것처럼 화끈거려서 차가운 얼음으로 열기를 가라앉혀야 겨우 잠을 잘 수 있었다.

병원에서 마지막으로 보낸 밤은 한 해의 마지막 날이었다. 한밤중에 창가에 혼자 앉아 보스턴 시내 불빛을 내려다보았다. 내년에는 또 어떤 일이 벌어질지 궁금했다. 뇌졸중을 겪은 뇌과학자라니, 얼마나 기막힌 처지인지. 그러나 내가 느낀 기쁨과 내가 배운 교훈을 스스로 축복했다. 뇌졸중을 겪고도 살아남았다고 생각하자 가슴이 뭉클했다.

열하나.

회복을 위해 필요한 것들

하루에도 수만 번 회복해야 할지 말아야 할지 판단을 내려야 했다.
내가 뭔가를 시도하기 위해 자발적인 노력을 했던가? 외부 세계에
있는 뭔가를 이해하거나 그것에 관여하기 위해 새롭게 발견한 희열
의 세계를 잠시나마 자발적으로 벗어난 적이 있던가? 무엇보다 내가
회복 과정에 따르는 고통을 자발적으로 견뎌냈던가? 당시의 정보 처
리 수준에서도 고통과 쾌락의 차이 정도는 알고 있었다. 우뇌가 선물
하는 행복의 나라에 머물러 있으니 기쁘고 즐거웠다. 분석적인 좌뇌
를 끌어들이는 것은 고통스러웠다. 뭔가를 시도하는 것은 나의 의식
적인 결정이었다. 그때 곁에서 유능하고 세심하게 나를 돌봐주는 사
람들이 무엇보다 중요했다. 솔직히 이들이 없었다면 나는 굳이 애써
노력하지 않았을 것이다.

  왼쪽 뇌의 판단력이 없는 상황에서 내가 발견한 평화로운 희열의

106

천국을 나두고 굳이 혼란스러운 회복 과정을 선택하기는 힘들었다. 그럴 때면 '내가 왜 예전 상태로 돌아가야 하지?'라는 질문을 넘어 '내가 왜 이런 침묵의 장소로 오게 된 거지?'라고 자문해야 했다. 한마디로 시각의 전환이 필요했다. 무엇보다 중요한 건 뇌졸중 경험으로 축복에 가까운 깨달음을 얻었다는 사실이다. 바로 누구든 언제라도 깊은 마음의 평화에 접근할 수 있다는 것이다. 나는 열반과도 같은 경험이 우뇌의 의식 속에 존재하며, 언제라도 스스로 뇌의 그 부분에 접속할 수 있다고 믿는다. 나는 나의 회복이 다른 사람들, 그러니까 비단 뇌의 외상에서 회복되고 있는 사람들뿐만 아니라 뇌를 가진 모든 사람들의 삶에 중대한 변화를 가져올 수 있으리란 생각에 흥분되었다! 행복하고 평화로운 사람들로 가득한 세상을 상상해보았다. 그러자 회복이라는 고통스러운 과정을 견뎌야 할 이유가 보였다. 뇌졸중이 내게 안겨준 통찰은 요약하면 이런 것이다.

'평화는 생각하기 나름이야. 평화를 이루려면 지배적인 왼쪽 뇌의 목소리를 잠재우기만 하면 돼.'

어떤 식으로 규정하든 회복은 혼자서 할 수 없는 일이다. 내 경우 주위의 모든 사람들의 전폭적인 도움이 있었다. **나는 사람들이 내가 완전히 회복될 수 있다는 믿음으로 나를 대해주기를 간절히 원했다.** 3개월이 걸리든 2년이 걸리든 20년 혹은 평생이 걸리든, 사람들이 내가 계속해서 배우고 낫고 성장할 능력이 있다고 믿었으면 했다. 뇌는 놀랄 만큼 역동적인 기관으로 끊임없이 변한다. 나의 뇌는 새로운 자극에 흥분했고, 적절한 수면으로 균형을 맞춰주면 기적이라 할 만한 치유력을 보여주었다.

의사들이 종종 이런 말을 하는 것을 들은 적 있다.

'뇌졸중이 일어나고 6개월 안에 능력을 되찾지 못하면 영영 돌아오지 않는다!'

이는 사실과 다르다. 내 경우에는 뇌졸중 이후로 8년 동안 뇌의 학습 및 기능이 꾸준히 향상되었다. 8년이 지났을 때 몸과 마음이 완전히 회복된 것을 느낄 수 있었다. 뇌는 외부 자극을 기반으로 세포의 연결 구조를 바꾸는 탁월한 능력이 있다. 이런 뇌의 '가소성可塑性'이 잃어버린 기능을 되찾게 하는 기본적인 힘이 된다.

나는 뇌가 꼬마들이 여럿 뛰어노는 놀이터라고 생각한다. 여기 있는 아이들은 모두 여러분을 기쁘고 행복하게 해주려고 애쓰고 있다. 놀이터를 보면 한쪽에서는 아이들이 공을 차고 있고, 정글짐에 원숭이처럼 매달린 아이들도 보인다. 모래로 장난치는 아이들도 있다. 각기 다르면서도 비슷한 일들을 하고 있다. 뇌의 서로 다른 세포 집단처럼 말이다. 정글짐을 없앤다고 거기서 놀던 아이들이 그냥 사라지는 것은 아니다. 다른 아이들과 섞여 또 다른 놀이를 계속한다. 뉴런도 마찬가지다. 유전적으로 프로그래밍된 뉴런의 기능을 지우면, 이 세포들은 자극이 없어서 죽거나 다른 할 일을 찾는다. 가령 시각의 경우, 한쪽 눈에 안대를 씌워 시각피질 세포로 들어오는 자극을 막으면, 이 세포들은 인접 세포들과 접촉하여 다른 할 일이 없는지 알아본다. **나는 주위 사람들이 뇌의 가소성을 믿고, 그것의 성장과 학습 및 회복의 능력을 믿어주기를 바랐다.**

세포의 물리적 치유 과정에서, 충분한 수면의 중요성은 아무리 강조해도 지나치지 않다. 나는 뇌가 스스로를 치유하기 위해 무엇이 필요한지 가장 잘 알고 있다고 생각한다. 앞서 말했듯이 뇌의 에너지는 수면으로 채워졌다. 깨어 있는 동안에는 에너지 자극이 감각계로 쏟아져 들어왔다. 빛의 입자들이 망막 세포를 자극하고, 음파가 고막을 혼란스럽게 때려서 금세 기진맥진했다. 그러면 뉴런들은 뇌의 요구를 제대로 따라가지 못하고, 들어오는 정보를 금방 놓쳐버리곤 했다. 자극은 정보를 처리할 만한 에너지를 필요로 했다. **나의 뇌는 보호받아야 할 상태였다. 따라서 소음으로 들리는 불쾌한 감각 자극에서 멀어져야 했다.**

뇌졸중을 겪은 후 여러 해 동안 뇌의 수면 욕구를 무시할 때마다 감각계에 극심한 고통이 찾아왔다. 그러면 정신적 · 육체적 탈진이 이어졌다. 내가 만약 일반 재활 센터에 머물면서 리탈린(주의력 결핍 과잉행동장애 처방약)을 복용하고, 종일 텔레비전을 보고, 다른 사람의 스케줄에 맞춰 재활 프로그램을 따라야 했다면, 아마 정신이 더 멍해져서 회복하려는 노력을 덜했을 것이다. 나의 경우 회복 과정에서 **수면의 치유력이 정말로 중요했다.** 전국의 재활 시설에서 다양한 방법이 실행되고 있다. 하지만 나는 무엇보다 수면, 수면, 수면의 효과를 열렬히 옹호한다. 더군다나 학습하고 인지적 과제를 수행하는 기간에는 충분한 수면이 보장되어야 한다.

재활 기간 동안 나를 돌봐준 사람들이 내가 과거에 이룬 성과에 연연하지 않고 새로운 관심사를 추구할 수 있도록 어떤 강요도 없이 그저 지켜봐주었다는 사실은 정말로 중요하다. **나는 사람들이 나를 과거의 모습이 아니라 현재의 모습 그대로 사랑해주기를 원했다.** 좌뇌가 좀더 예술적이고 창조적인 우뇌에 행사하던 억압을 풀자 모든 것이 변했다. 가족과 친구, 동료들이 스스로를 새롭게 창조하려는 나를 지지해주길 바랐다. 내 영혼의 핵심은 하나도 바뀌지 않았다. 예전에 그들이 사랑했던 그 영혼 그대로였다. 나는 뇌졸중을 겪기 전과 같은 모습이었고, 결국 예전처럼 걷고 말하게 될 것이었다. 그러나 외상 때문에 이제 뇌의 회로와 배선이 달라졌고, 나의 관심사와 선호의 대상도 바뀌었다. 그와 더불어 세상에 대한 지각도 변화했다.

내 뇌가 망가졌다. 그러니 이런 생각이 들었다.

'사람들이 내 박사학위를 빼앗아갈까? 해부학에 대해 아무것도 기억나지 않아!'

나는 이제 막 발견한 우뇌의 재능에 어울리는 경력을 새로 찾아야 한다고 생각했다. 예전부터 좋아하던 정원 가꾸기와 잔디 돌보는 일을 하며 살아도 만족스러울 것 같았다. 사람들이 이 순간의 나를 받아들이고, 우뇌가 지배하는 성격으로 살아가는 내 모습을 인정해주길 바랐다. **주위 사람들의 격려가 필요했다. 내가 아직 가치 있는 사람이란 사실을 확인하고 싶었다. 내겐 차근차근 실현시켜나가야 할 꿈이 있었다.**

앞서 이야기했듯이 어머니와 나는 **뇌 체계를 가급적 빨리 자극해주는 것이 중요하다**는 것을 직감적으로 알았다. 뇌의 연결이 망가졌으므로 세포들이 죽거나 자신의 임무 수행 능력을 완전히 잊기 전에 다시 자극을 줘야 했다. 깨어 있을 때의 노력과 충분한 수면 시간 확보를 어떻게 조화시키느냐에 회복의 성패가 달려 있었다. 수술이 끝나고 몇 달 동안 나는 텔레비전, 전화, 라디오는 아예 접하지 않았다. 그것들은 기력을 바닥내고 기진맥진하게 만들어 학습 의욕을 떨어뜨릴 뿐이었다. 결코 쉬는 시간이 아니었다. 어머니는 처음부터 **내게 주관식 질문을 했고 '예, 아니요' 같은 단답식 질문을 절대로 하지 않았다.** 옛 파일을 찾게 하거나 새 파일을 만들게 하기 위해서였다. 어머니는 단답식 질문은 깊은 사고를 요구하지 않기 때문에 뉴런을 활성화시키지 못한다고 여겼다.

뇌가 순차적으로 사고하는 능력을 잃은 상태였기에 옷 입는 법 같은 기본적인 생활 양식부터 다시 학습해야 했다. 신발을 신기 전에 양말을 신어야 한다는 것을 배워야 했고, 왜 그래야 하는지도 알아야 했다. 일상에서 사용하는 가정용품들의 기능이 기억나지 않아 나름대로 독창성을 발휘했다. 용도를 탐구하는 과정은 흥미진진했다. 포크가 가려운 등을 긁는 도구로 그만이라는 것은 아무도 몰랐을 것이다.

에너지가 제한되어 있었으므로 매일매일 해야 할 일을 아주 신중하게 선택해서 배분해야 했다. **나는 가장 절실히 되찾고 싶은 것을 최우선 목표로 삼았고, 다른 일에는 기력을 낭비하지 않았다.** 예전의 지적 능력을 모두 회복해서 다시 과학자이자 교사로 돌아갈 수 있을 거라 기대하지 않았다. 하지만 내게는 사람들에게 말해줄 뇌의 아름다움과 회복력에 대한 멋진 이야기가 있었다. 나의 뇌가 다시 활성화되면 가능한 일이었다. 나는 미술 프로젝트에 맞춰 회복 과정을 진행하기로 마음을 정했다. 신체적 기력을 되찾고 손 기술과 인지력을 회복하는 데는 최상의 방법이었다. 그래서 해부학적으로 정확한 스테인드글라스 뇌를 만들어보기로 했다! 1단계는 디자인이었다. 학술적 지식을 다 잃은 터라 신경해부학 책들을 찾아서 바닥에 펼쳐놓고, 비교적 정확하다고(그리고 매력적이라고) 생각되는 뇌의 이미지를 조합했다. 이 프로젝트는 유리를 자르고 조작하는 데 필요한 섬세한 운동 근육을 단련시킬 뿐만 아니라 물체 이동과 조작 운동 기술, 평형 감각과 균형감도 훈련시켰다. 첫 번째 스테인드글라스 뇌를 만드는 데 꼬박 8개월이 걸렸다. 완성품을 바라보고만 있어도 좋아서 하나를 더 만들었다. 이것은 현재 하버드 뇌조직 자원센터에 걸려 있다.

뇌졸중이 일어나기 몇 달 전, 피츠버그 주립대학에서 특강을 하기로 계약한 게 있었다. 예정 날짜가 4월 10일로 뇌졸중이 일어나고 딱 넉 달째 되는 날이었다. 목표가 필요했던 나는 당시 유창한 언어 능력을 되찾는 것이 무엇보다 급선무였다. 그래서 뇌졸중 이후 첫 번째 공개 무대가 될 이 특강이 기회라고 생각했다. 피츠버그 강연회에서 20분간 연설하기로 했다. 청중들이 내가 뇌졸중을 겪었다는 사실을 알아차리지 못하도록 능숙하게 발표하겠다고 마음먹었다. 만만치 않은 도전이었지만 터무니없는 목표는 아니었다. 이를 위해 여러 전략들을 세우기 시작했다.

우선은 머리카락부터 어떻게 해야 했다! 수술 이후 처음 몇 달은 새로운 유행 스타일로 가꾸어보려고 했다. 수술할 때 왼쪽 3분의 1만 면도를 해서 머리가 비대칭으로 보였기 때문에 오른쪽 머리카락을 왼쪽으로 쓸어 넘겨 상처를 가렸다. 빗어 넘긴 머리 사이로 보이는 새로 자란 짧은 머리를 숨기는 것이 관건이었다. 그래도 약간 멍하게 보였다. 결국 4월에는 귀여운 두건을 하나 장만해서 썼다. 그날 오후, 머리 모양 때문에 내 정체가 탄로 났는지, 프랑켄슈타인처럼 이마에 움푹 팬 정위 기구 자국을 알아본 사람이 있는지는 잘 모르겠다. 정위 기구는 수술 중에 머리를 고정시키기 위해 사용하는 거대한 원형 띠 모양의 외과 장비를 말한다.

나는 피츠버그 특강을 무척 열심히 준비했다. 일단 청중들이 잘 알아들을 수 있게 또박또박 말하는 게 중요했고, 뇌 전문가로서 지식도 갖춰야 했다. 다행히도 출혈이 있기 몇 달 전에 열린 NAMI 학술대회에 전문가로 나서서 강의한 장면을 녹화한 비디오테이프를 갖고 있었다. 연설 솜씨를 되찾기 위해 비디오를 반복해서 보고 또 봤다. 무대에 선 여자(나였다!)가 마이크로 어떻게 하는지 관찰했다. 고개를 어떻게 들고 자세를 취하는지, 무대를 어떻게 걸어가는지 꼼꼼히 보았다. 목소리에 집중해 단어들을 함께 엮을 때 생기는 리듬이라든지 청중의 마음을 사로잡으려고 목소리 크기를 조정하는 방식에 주목했다. 관찰을 통해 그녀를 어떻게 따라할지 배웠다. 비디오를 보며 나처럼 행동하고 걷고 말하는 법을 익혔다. 나는 또다시 내가 되는 법을 배워야 했다.

비디오를 통해 뇌에 대해 많은 것을 배웠지만 전문가라고는 할 수 없었다! 거기에 담긴 정보만도 너무 많아서 내가 소화하기에 벅찼다. 나를 본 청중들도 그렇게 생각하지 않았을까 싶다! 아무튼 나는 과학용어를 발음하는 법을 익혔고, 반복해서 살펴보며 그녀가 전하는 이야기를 이해하려고 애썼다. 뇌 기부에 대해 알게 되어 즐거웠다. 내가 만약 뇌졸중이 일어난 아침에 죽었다면 어머니가 나의 뇌를 과학계에 기증했을지도 모르겠다는 생각이 들었다. 뇌 기부하라는 내용의 노래를 들을 때마다 소리 내어 크게 웃었다. 저 여자가 더 이상 존재하지 않는다고 생각하자 마음 한구석이 짠하기도 했다.

내가 할 수 있는 최선의 방법으로 20분 분량의 발표를 준비했고,

한 달가량 매일 연습했다. 나를 방해하거나 뇌에 관해 질문하는 사람만 없다면 내가 최근에 뇌졸중을 겪었다는 사실을 아무도 눈치채지 못하고 넘어갈 수 있을 것 같았다. 동작이 약간 경직되어 있었지만 차분하게 슬라이드를 조작했고 의기양양하게 무대를 내려왔다.

작업치료나 물리치료는 제대로 받지 않았지만, 수술 이후 4개월 동안 언어치료를 꾸준히 받았다. 말하기가 읽기보다 한층 수월했다. 어머니가 이미 내게 알파벳 문자와 발음을 가르쳐주었지만, 문자를 연결해서 단어를 만들고 의미와 관련짓는 일은 아직 뇌가 감당하지 못했다. 문장을 읽고 이해하는 것은 하나의 재앙이었다. 언어치료사 에이미 레이더와의 첫 만남에서 나는 23가지 사실이 들어 있는 이야기를 읽어야 했다. 그녀는 그것을 큰 소리로 읽게 하고는 질문을 했다. 23개의 질문 가운데 내가 맞힌 것은 겨우 2개뿐이었다!

에이미와 언어치료를 처음 시작했을 때만 해도 단어를 소리 내어 읽을 줄만 알았지 의미를 결부시키지는 못했다. 꾸준한 연습 끝에 마침내 한 번에 단어 하나를 읽고 의미를 떠올리고, 이어 다음 단어로 넘어갈 수 있었다. 순간들을 순차적으로 연결시키거나 이어서 생각하는 것이 무엇보다 어려웠다. 모든 순간이 고립된 채로 존재하기에 생각이나 단어들을 연결시킬 수 없었다. 마치 뇌에서 읽기를 담당하는 부위가 거의 다 죽어서 학습에 별 관심을 보이지 않는 듯했다. 에이미와 어머니의 도움을 받으며 매주 목표를 이루기 위해 필요한 단계를 하나하나 밟아갔다. 어휘를 되찾는 일은 뇌 속의 잃어버린 파일을 복구했다는 뜻이었으므로 무척 흥미로웠다. 시도만으로도 힘이 들었지만, 단어를 하나하나 익혀가며 서서히 파일을 복구할 수 있었다. 그리고 나는 천천히 예전의 삶으로 돌아갔다. 어머니가 옆에서 끈기 있게 방향을 잘 조정해준 덕분에 나는 신경세포가 모여 있는 회백질의 기능을 서서히 되찾았다.

성공적인 회복을 위해서는 할 수 없는 일이 아니라 할 수 있는 일에 집중하는 것이 중요했다. 우리는 매일 내가 거둔 성취를 축하하며 내가 얼마나 잘 해내고 있는가에 대화의 초점을 맞췄다. 내가 걷거나 말할 수 있는지, 내 이름을 아는지는 중요하지 않았다. 내가 할 줄 아는 것이 숨 쉬는 것뿐이라면, 우리는 살아 있음 자체를 기뻐했다. 그리고 함께 숨을 깊이 들이마셨다. 비틀거리며 걸을 수 있으면 똑바로 섰을 때 서로를 축하했다. 내가 침을 흘리면 삼킬 때 축하했다! 못하는 일에 초점을 맞추는 것은 너무 쉬웠다. 그런 건 너무 많았으니까. **나는 사람들이 내가 매일 달성한 위업을 축하해주기를 바랐다. 아무리 사소한 성공일지라도 내게는 큰 힘이 되었다.**

수술을 받고 몇 주가 지난 1월 중순 무렵, 왼쪽 뇌의 언어 중추가 다시 움직이면서 내게 말을 건네기 시작했다. 나는 침묵의 마음이 안겨주는 희열을 정말 좋아했지만, 왼쪽 뇌가 내적 대화의 방법을 아주 잃어버리지 않았다는 사실에 마음이 놓였다. 지금까지 나는 흩어져 있는 생각들을 하나로 엮고 시간을 거슬러 생각하려고 필사적으로 노력해왔다. 순차적인 내적 대화는 사고의 기초와 구조를 세우는 데 도움이 되었다.

내가 회복에 성공할 수 있었던 근본적인 비결 중 하나는 **회복 과정 중에 현 상황을 넘어서려고 의식적으로 계속 노력했다**는 점이다. 몸과 마음의 치유에는 감사할 줄 아는 태도의 공이 컸다. 나는 하나의 과정이 다른 과정으로 자연스럽게 이어지는 회복의 경험을 즐겼다. 회복이 되면서 세상을 향한 지각 능력도 좋아졌다. 나는 세상에 처음 나와서 걸음마를 배우고 이것저것 탐구하는 유아였다. 물론 엄마가 근처에 있을 때 얘기다. 새로운 것을 끊임없이 시도했고 성과도 좋았으며 물론 아직 준비가 되지 않은 것에도 도전했다. 하지만 정서적으로 현재의 틀에 갇히지 않으려고 노력했다. 이 말은 내부의 목소리에 무척 신중했다는 뜻이다. 하루에도 수천 번 내가 예전의 나보다 못한 사람이 되었다는 자각이 밀려왔다. 나는 왼쪽 뇌를 잃지 않았는가! 그러나 다행히도 내 오른쪽 뇌의 기쁨과 환희가 꿋꿋하게 버티고 서서 자기비하, 연민, 우울함이 들어설 자리를 내주지 않았다.

내가 처한 상황을 넘어서기 위해서는 **다른 사람들의 지지와 사랑과 도움이 절실히 필요했다.** 회복은 장기간의 노력이다. 내가 무엇을 회복했는지 알기까지 몇 년이 걸릴 수도 있다. 뇌가 치유될 때까지 기다려야 하고, 주위 사람들의 도움을 고맙게 받아야 한다. 뇌졸중 전에 나는 거의 모든 일을 혼자서 처리했다. 주중에는 연구하는 과학자로 일했고, 주말이면 노래하는 과학자로 여행을 다녔으며, 집안일과 사생활도 혼자서 다 알아서 했다. 도움을 받는 일에 익숙지 않았다. 하지만 이렇게 정신적으로 무너지자 사람들이 나 대신 모든 일을 해줘야 했다. 좌뇌를 다친 게 그나마 여러 면에서 행운이었다. 언어 중추의 자아 담당 부분이 고장나서 남들의 도움을 거리낌 없이 받을 수 있었기 때문이다.

내가 회복에 성공한 것은 전적으로 모든 과제를 더 작고 단순한 과

정들로 나눌 줄 아는 능력 덕분이었다. 어머니는 내가 좀더 복잡한 다음 단계로 올라가기 위해 무엇을 할 수 있는지 단번에 알아챘다. 일어나 앉기 전에 열정적으로 몸을 흔들고 뒤척이는 것, 보도를 걸을 때 갈라진 틈을 밟아도 괜찮다고 배우는 것, 이런 작은 성공들이 모이고 모여 궁극적인 성공이 되었다.

나는 순차적으로 사고할 수 없었으므로 **모든 것을 처음부터 다시 배우려면 차라리 주위 사람들이 내가 아무것도 모른다고 생각하는 것이 편했다.** 정보 조각들이 나의 뇌에서 서로 맞아떨어지지 않았다. 가령 포크 사용법을 몰라서 여러 차례 다른 사람의 시범을 보아야 했다. **나를 돌보는 사람은 인내심을 갖고 나를 가르쳐야 했다.** 내 몸과 뇌가 지금 내가 배우는 것을 이해할 때까지 반복적으로 보여주어야 했다. 내가 이해하지 못하는 것은, 뇌 부위에 구멍이 나 있어서 정보를 받아들이지 못하기 때문이었다. 사람들이 나를 가르칠 때 목소리를 높이면 나는 마음을 닫았다. 아무것도 모르는 강아지가 고함 소리에 놀라듯 그 사람을 두려워하고 그의 에너지에 기가 꺾여 그에 대한 믿음이 사라졌다. 나를 돌보는 사람은 내가 귀머거리가 아니라는 것을 명심해야 했다. 그저 뇌가 다친 것뿐이라는 걸 말이다. 그들은 한결같은 인내심을 갖고 20번쯤은 연속해서 가르쳐주어야 했다.

나는 사람들이 내게 가까이 다가오고 나를 두려워하지 않기를 바랐다. 사람들의 친절한 손길이 절실했다. 내 팔을 쓰다듬고 손을 잡고 내가 침을 흘리면 얼굴을 부드럽게 닦아주기를 원했다. 뇌졸중에 걸린 사람을 못 알아보는 사람은 거의 없다. 언어 중추가 망가진 뇌졸중 환자는 방문객과 대화를 이어가지 못한다. 건강한 사람이 뇌졸중을 겪은 사람과 대화를 나누기가 얼마나 불편한지 잘 안다. 하지만 **나는 방문객들이 내게 자신의 긍정적인 에너지를 나눠주기를 바랐다.** 대화가 사실상 불가능했기에 나는 그저 사람들이 몇 분의 시간을 내서 내 손을 잡고 부드러운 목소리로 천천히 자신의 안부를 전하거나, 내가 회복되리라 믿는다고 말해주는 것만으로도 고마웠다. 불안한 에너지를 잔뜩 갖고 오는 사람을 상대하기가 가장 어려웠다. 사람들이 내게 올 때는 자기가 어떤 에너지를 갖고 오는지 확인하기를 바랐다. 모두가 눈살을 펴고 마음을 열고 사랑을 나눠주기를 원했다. 극도로 신경이 곤두서 있거나 화가 난 사람들의 방문은 내 회복에 역효과를 냈다.

뇌졸중을 통해 내가 배운 최고의 교훈이라면 감정을 몸으로 느끼는 방법을 배운 것이다. 기쁨의 감정이 내 안에 있었다. 평화의 감정이 내 안에 있었다. 새로운 감정이 밀려들어 나를 해방시키는 것이 느껴졌다. 나는 이런 감각 경험에 어울리는 새 단어를 배워야 했다. 아울러 감정이 내 몸에 계속 남아 있게 할지, 아니면 내 몸에서 곧장 흘러나가게 해야 하는지 판단할 힘이 내 안에 있다는 것을 알게 되었다.

판단은 몸이 어떻게 느끼는지에 따라 결정되었다. 분노, 좌절, 공포 같은 감정이 몸 안에 차오르면 불쾌한 기분이 들었다. 그래서 이런 감정은 마음에 들지 않으니 신경 고리에 접속하고 싶지 않다고 뇌에게 말했다. 언어를 통해 왼쪽 뇌를 사용하면 뇌에게 직접 말을 걸어 내가 무엇을 원하고 무엇을 원하지 않는지 말할 수 있었다. 이렇게 되자 이제 예전의 내 성격으로 절대 돌아가지 않으리라 생각했다.

어떤 감정을 얼마나 오래 느낄지 결정하는 권한이 내게 달려 있었다. 예전의 고통스러웠던 감정 회로를 다시 활성화시키는 일은 결코 하고 싶지 않았다.

내 몸에서 감정이 어떻게 느껴지는지에 주목하면서 나는 회복 일로를 걸었다. 지난 8년 동안 내 마음이 뇌 속에서 일어나는 모든 현상을 분석하는 모습을 지켜보았다. 매일 새로운 도전을 했고 새로운 통찰을 얻었다. 옛 파일을 찾을 때마다 예전의 감정적 짐이 수면 위로 떠올랐고, 그러면 나는 해당 신경 회로를 보전하는 것이 쓸모가 있을지 없을지 판단해야 했다.

감정적 치유는 지루하리만치 서서히 진행되었지만 노력할 가치가 있었다. 왼쪽 뇌의 힘이 점차 강해지면서 내 감정이나 상황을 자연스럽게 다른 사람이나 외적 사건 탓으로 돌리고 싶어졌다. 그러나 현실적으로 보면 나와 나의 뇌 말고는 나에게 어떤 기분을 느끼게 만들 사람은 없었다. 외부의 그 무엇도 내 마음의 평화를 앗아갈 수 없었다. 그것은 온전히 나의 문제였다. 내 삶에서 벌어지고 있는 모든 것을 다 통제할 수는 없지만, 내 경험을 어떻게 지각할 것인가 하는 문제는 내게 달려 있었다.

일상으로의 복귀

"회복에 얼마나 걸렸어요?" 하는 질문을 가장 자주 듣는다. 그러면 나는 진부해 보이지 않으려고 "뭘 회복하는데요?"라고 대답한다.

우리가 회복의 개념을 옛 프로그램에 다시 접근하는 것이라 정의한다면, 나는 아직 완전히 회복된 것은 아니다. 지금까지 나는 어떤 감정 프로그램을 되찾고 싶고 어떤 감정 프로그램(조바심, 비난, 불친절)에 발언권을 부여하고 싶지 않은지 무척 까다롭게 골랐다. 뇌졸중은 내가 세상에서 누구이고 어떤 존재로 살아가고 싶은지 선택할 수 있게 해준 놀라운 선물이었다. 뇌졸중을 겪기 전에는 내가 뇌의 산물이라고 여겼다. 그래서 내가 어떻게 느끼고 무엇을 생각하는지에 대해 결정권이 없는 줄로만 생각했다. 그러나 사고 이후, 나는 새로운 눈을 떴다. 내게 선택의 권리가 있다는 걸 실감한 것이다.

뇌 수술을 받고 몸을 회복시킨 것은, 마음을 재건하고 신체의 자각 능력을 되찾는 일에 비하면 아무것도 아니었다. 수술 이후 어머니가 내 머리의 상처를 깨끗하게 관리해주었고, 덕분에 35바늘로 꿰맨 상처가 잘 아물었다. 수술로 인해 왼쪽 턱에 관절 장애가 생길 수도 있었는데, 펠든크라이스 방식Felden-krais Method[1] 이라고 하는 치료법으로 문제를 해결했다. 하지만 상처 부위의 감각이 돌아오는 데 5년이 걸렸고, 두개골에 난 세 개의 구멍은 6년이 지나서야 완전히 아물었다.

어머니는 현명한 분이었다. 나를 보호하면서도 나의 회복을 방해하지 않았다. 뇌졸중 이후 두 달이 지난 2월 중순에 처음으로 혼자 외출을 했다. 언어 능력이 어느 정도 회복되어 별 문제를 일으키지 않는 수준에(우리의 희망에 따르면) 이르렀기 때문에 그럴 수 있었다. 어머니가 차로 나를 공항에 데려갔고 비행기 좌석까지 안내했다. 도착지에는 친구가 마중 나와 있었다. 그러니까 그리 긴 시간을 혼자 있었던 건 아닌 셈이다. 하지만 내가 처음으로 보금자리에서 벗어난 이 나들이는 독립을 위한 의미 있는 발걸음이었다. 이때의 성공에 힘입어 나는 더 큰 모험을 감수할 용기를 얻었다.

3개월째 되는 날에는 어머니가 내게 운전하는 법을 가르쳐주었다. 바퀴 위에 놓인 거대한 금속 상자를 엄청나게 빠른 속도로 조작하는 일은 그리 쉽지 않았다. 옆 차선에서 나와 똑같이 운전을 하며 먹고 마시고 담배 피우고 휴대폰으로 통화까지 하는 바쁜 사람들을 보니,

---

1   뇌의 학습 기능을 활용하여 일정 기능과 연관이 있는 동작들을 탐구하고 발전시키는 과정을 통해 정신적 안정 상태에 도달하게 하는 학습 방식. [옮긴이 주]

내가 연약한 생명체이고 삶은 소중한 선물이라는 것을 다시금 확인할 수 있었다. 나의 뇌는 여전히 읽는 것을 버거워했고, 무엇보다 표지판 찾는 법을 배우기가 가장 어려웠다. 정말 큰 문제였다. 설령 표지판이 보인다 해도 이해의 속도가 끔찍하리만치 더뎠다,

'저기 커다란 녹색 표지판에 뭐라고 써 있는 거지? 맙소사! 길을 놓쳤네!'

3월 중순이 되자 어머니는 내가 다시 혼자서 살아갈 준비가 되었다고 판단했다. 완전하지는 않았지만, 친구들이 도와주면 가능하다고 보았다. 그녀는 필요할 때 전화만 하면 언제든 첫 비행기를 타고 날아오겠다며 나를 안심시켰다. 나는 독립적인 생활 영역이 넓어졌다는 생각에 흥분이 되기도 했지만 그보다는 두려운 마음이 더 컸다.

내가 과연 삶을 재개할 수 있을지 시험하는 무대가 몇 주 앞으로 다가왔다. 피츠버그의 강연회였다. 혼자 힘으로 삶을 꾸려가면서 집중할 수 있는 무언가가 있어 다행이었다. 친구 줄리가 차로 행사장까지 데려다줬고, 강연이 무사히 잘 끝나자 성공의 기대감이 높아졌다. 여하튼 나는 그저 살아남기만 한 게 아니라 다시 활발하게 살아가고 있었다. 집에서 컴퓨터로 자원센터의 업무를 보기 시작했다. 처음에는 며칠에 한 번 두 시간 정도가 한계였다. 그러던 것이 일주일에 하루나 이틀로 늘어났고, 맥린 병원에 출근하는 수준까지 이르렀다. 솔직히 말하는데 업무보다 출근이 훨씬 어려웠다.

난감하게도 수술 뒤에 의사가 뇌 발작 예방을 위해 다일랜틴 복용을 권했다. 이때까지 발작이 일어난 적은 없었지만, 뇌의 측두 부위에 외과 수술을 받은 경우에는 약 처방을 받는 것이 관례이다. 환자

들이 다 그렇겠지만 나도 약을 먹으면 피곤하고 무기력한 기분이 들어서 싫었다. 무엇보다 가장 큰 불만은 약을 복용하면 나 자신이 되는 기분을 제대로 느끼지 못한다는 점이었다. 뇌졸중 때문에 안 그래도 나 자신이 낯설었는데 약까지 더해지자 정신이 더 멍해졌다. 일부 사람들이 정신병 치료제의 부작용을 걱정한 나머지 차라리 정신이상 상태로 지내려 하는 이유를 알 것 같았다. 다행히 밤에 잠들기 전에 처방약을 복용해도 된다고 의사가 허락해주었다. 그래서 아침이면 다시 맑은 마음으로 하루를 시작할 수 있었다. 수술 이후 꼬박 2년 동안 다일랜틴을 복용했다.

6개월째 되는 날, 고등학교 20주년 동창회에 참석하려고 고향 인디애나로 날아갔다. 과거에 관한 파일을 열기에 이보다 더 좋은 기회는 없었다. 두 명의 친한 친구가 나를 이곳저곳 데리고 다니며 테러호트에서 우리가 함께 보냈던 이야기를 들려주었다. 동창회가 열린 시점이 참으로 절묘했다. 마침 나의 뇌가 옛 파일을 열고 새로운 정보를 받아들일 수 있을 만큼 회복된 터였다. 동창회는 젊은 시절의 기억들을 하나로 엮는 데 큰 도움이 되었다. 이 경우에도 뇌졸중을 겪었다고 해서 나를 예전보다 못한 사람으로 보지 않는 것이 중요했다. 옛 친구들은 나를 무척 친절하게 대해줬고, 나는 기분 좋게 옛 기억들을 떠올렸다.

6월의 동창회 직후 7월에는 NAMI 연례 학술대회에 참석했다. 3년 임기의 임원직 마지막 해로, 이제 공식적으로 은퇴할 시기였다. 나는 5분 분량의 연설을 준비해서 2천 명이 넘는 NAMI 회원들 앞에서 발표했다. 기타를 들고 눈물을 글썽이며 무대에 오른 나는 다시 돌아올 수 있도록 용기를 준 사람들에게 감사의 인사를 했다. 내게 보내준 격려의 엽서들은 평생 소중히 간직할 것이다. NAMI 가족들이 없었다면 이런 상태로 이날 대회에 참석하는 것은 꿈도 꾸지 못했을 것이다.

걷기는 일과에서 대단히 중요한 부분이 되었다. 꾸준히 걸으니 몸이 다시 건강해졌고, 1년 차에는 일주일에 대여섯 차례 하루 평균 5킬로미터 정도 걸을 수 있었다. 작은 아령을 양손에 들고 팔을 아이처럼 힘차고 리듬감 있게 흔들며 걸었다. 어깨관절, 어깨, 팔꿈치, 손목 등 모든 근육 부위가 골고루 단련되도록 신경을 썼다. 많은 사람들이 나를 이상하다는 듯 쳐다보았지만, 좌뇌의 자아 중추를 잃어버린 나는 사람들이 나를 어떻게 생각하든 상관하지 않았다. 아령을 들고 걸으니 힘을 기르고 균형감을 회복하고 자세를 바로잡는 데 도움이 되었다. 친구 한 명이 마사지와 침술로 내가 신체 경계를 확인할 수 있도록 도와주었다.

8개월째가 되었을 때 직장에 복귀했는데, 정신적으로나 육체적으로 아직 부족한 점이 많았다. 손이 느리고 행동이 굼떴다. 불행히도 내 일은 복잡한 컴퓨터 데이터베이스 관리였다. 내 뇌가 이 일을 제대로 해내지 못했다. 게다가 뇌졸중 덕분에 이 땅에서 내게 남겨진 얼마 안 되는 시간이 얼마나 소중한지 뼈저리게 느끼고 있었다. 나는 인디애나의 집으로 돌아가고 싶었다. 부모님이 살아 계실 때 함께 시간을 보내는 것이 내 삶에서 가장 중요한 일이 되었다. 다행히도 연구소에서 뇌조직 자원센터의 대변인 자격으로 여행하는 것을 허락해주었다. 덕분에 나는 인디애나로 돌아갈 수 있었다.

뇌졸중을 겪고 1년 뒤 중서부 지역으로 거처를 옮겼다. 세상에서 내가 가장 좋아하는 곳이 인디애나 주 블루밍턴이다. 흥미롭고 창조적인 사람들로 가득한 크지도 작지도 않은 대학 도시이다. (맞다, 인디애나 대학이 바로 여기에 있다!) 고향에 돌아오니 단단한 땅에 발을 디딘 기분이었다. 게다가 내 생년월일로 조합된 새집 전화번호를 보니 내가 있어야 할 곳이 바로 여기라는 걸 알 수 있었다! 딱 맞는 때에 딱 맞는 곳에 왔다는 느낌이었다.

2년 차에는 뇌졸중이 일어난 아침을 내가 기억하는 한 최선을 다해 재구성하며 보냈다. 게슈탈트 심리치료사가 나를 도와 그날 아침 내 우뇌가 겪었던 경험을 설명하게 했다. 나는 간병인들이 뇌가 신경적으로 퇴화하는 경험을 이해하면 뇌졸중 환자를 더 잘 돌볼 수 있을 거라고 믿었다. 또한 내가 서술한 뇌졸중 경험을 읽고 비슷한 징후를 느끼면, 즉시 도움을 청할 수 있으리라 생각했다. 그래서 다나 재단의 제인 네빈스, 샌드라 애커만과 함께 이 이야기를 책으로 출판하자고 의견을 모았다. 이른 감이 없지 않지만, 내가 이 책을 만들 수 있도록 관심을 갖고 끝까지 도와준 그들에게 고맙다는 말을 전한다.

마침내 내 마음이 방대한 양의 정보를 다시 학습할 수 있게 되자 이제 학문과 관련된 일에 복귀할 때가 되었다고 생각했다. 2년 차에 인디애나 테러호트의 로즈 홀만 공대에 자리를 얻어 해부학과 생리학, 신경과학 수업을 맡았다. 학교는 강의에 필요한 세세한 부분들을 재학습할 수 있도록 아낌없이 지원해주었다. 나는 비록 전문적인 학술용어들은 잃어버렸지만좌뇌, 모든 것이 어떻게 생겼고 서로 어떻게 관련되어 있는지는 기억했다우뇌. 학습 능력을 매일매일 한계치까지

끌어올렸고, 이렇게 한 학기를 마치자 뇌가 과부하에 걸려 터질 것만 같았다. 학생들 앞에서 강의를 진행하는 일이 보통 힘든 게 아니었다. 그래서 12주 동안 업무와 적절한 수면을 잘 조절했고, 나의 뇌는 아름답게 기능했다. 내가 다시 교단에 설 수 있다고 믿어준 로즈 홀만대 응용생물학·생물공학과 사람들에게 항상 감사하고 있다.

내가 어떤 식으로 회복했는지 여러분에게 알려주려면 회복 과정의 중요한 변화들을 간략히 요약해보는 게 좋을 것 같다. 뇌졸중을 겪기 전에 프리셀 카드놀이를 열렬히 좋아했는데, 이후 이 게임에 다시 집중하기까지 3년이 걸렸다.

신체 능력을 이야기하자면, 일주일에 대여섯 차례 하루 5킬로미터씩 손에 아령을 들고 걷기를 4년 동안 하자 자연스러운 리듬으로 걸을 수 있게 되었다. 4년 차에 내 뇌는 여러 임무를 동시에 수행해냈다. 가령 파스타를 끓이면서 전화를 받았다. 이전까지는 한 번에 한 가지 일밖에 하지 못했는데 말이다. 어떤 일을 하든지 내가 가진 주의력을 총동원해야 했다. 회복 기간 동안 나는 불평하지 않았다. 뇌졸중 직후 내 상황이 얼마나 처참했는지 항상 떠올렸다. 그리고 회복하려는 내 시도에 응답해준 뇌에게 하루에도 수천 번 고마운 마음을 가졌다. 무슨 일이든 마음먹기 나름이다. 나는 가급적이면 내 인생에 고마워하는 쪽을 택했다.

내가 영영 잃어버렸다고 생각했던 능력은 수학적 사고였다. 하지만 놀랍게도 뇌졸중을 겪고 4년째에 접어들자 뇌가 덧셈에 다시 반응을 보이기 시작했다. 6개월 정도 더 지나자 뺄셈과 곱셈이 가능해졌다. 나눗셈은 5년 차가 될 때까지도 힘들었다. 플래시카드가 기본적인 연산을 연습하는 데 도움이 되었다. 지금은 닌텐도 '두뇌 훈련 게임'과 '말랑말랑 두뇌 교실'로 연습하고 있다. 뇌졸중 환자뿐만 아니라 마흔이 넘은 사람들도 이런 두뇌 훈련 도구를 활용하면 좋다.

5년 차가 끝날 무렵에는 발을 놓을 착지 지점을 보지 않고도 해변의 울퉁불퉁한 바위 위를 뛰어다닐 정도가 되었다. 항상 땅에서 눈을 떼지 않아야 했던 나로서는 놀라운 성과였다. 6년 차의 최고 성과는 한 번에 계단 두 개를 오르겠다는 꿈을 이룬 것이었다.

몸의 기능을 회복하는 데는 상상력을 이용하는 것이 효과적이었다. 특정 과제를 수행하는 기분이 어떨지 집중적으로 생각하는 것이 실제로 빠른 회복에 도움이 되었다. 뇌졸중 이후로 계단을 깡충깡충 뛰면서 오르는 상상을 매일 했던 것이다. 예전에 마음껏 계단을 오르내리던 때의 기분을 기억하고 있었다. 마음속으로 이 장면을 계속 되돌려보며, 해당 회로를 깨어 있게 했다. 그 때문에 결국 내 몸과 마음이 서로 협력해서 이를 실현할 수 있었다.

수년 동안 내가 몸담고 있는 곳의 사람들이 나를 무척 너그럽고 친절하게 대해주었다. 처음에는 동료들이 뇌졸중을 겪은 나를 가치 없는 사람으로 보거나 생색내는 투로 대하지 않을까, 심지어 차별하지 않을까 하는 두려운 마음이 컸다. 그러나 다행히 그런 일은 없었다. 뇌졸중 경험은 나에게 뇌의 아름다움과 회복력에 눈뜨게 해주었을 뿐만 아니라 인간 정신의 고결함도 가르쳐주었다. 많은 이들이 나를 따뜻하게 감싸주었다. 나는 내가 받은 친절에 항상 고마워하고 있다.

2년 차부터 파트타임으로 하버드 뇌조직 자원센터의 노래하는 과학자로서 여행을 다녔다. 7년 차에는 인디애나 대학의 운동학과에서 겸임 교수 자리를 맡았다. 아울러 육안해부를 가르치는 일은 언제나 큰 즐거움이었기에 인디애나 의과대학의 육안해부실에서 자원자로 일하기 시작했다. 몸을 구석구석 살피고 미래의 의사들에게 우리 몸의 기적적인 설계를 가르치는 일은 무엇과도 바꿀 수 없는 짜릿한 경험이었다.

7년 차에는 밤 수면 시간을 11시간에서 9시간 반까지 줄였다. 이때까지 나는 밤에 충분한 수면을 취하는 것 말고 낮잠도 즐겨 잤다. 7년 동안 내가 꾼 꿈은 뇌 속에서 벌어지는 일을 기괴하게 반영했다. 사람들이 나오고 이야기가 있는 꿈이 아니라, 서로 연결되지 않는 단편들이 두루마리처럼 펼쳐졌다. 나는 이것이 뇌가 어떻게 별난 정보들을 하나로 엮어 완전한 이미지로 만들어내는지 보여주는 것이라 생각했다. 그러던 내 꿈에 사람들과 이야기가 다시 등장했다. 처음에는 장면들이 단편적이고 뒤죽박죽이었지만, 7년 차가 끝날 즈음에는 꿈을 꾸는 동안 뇌가 어찌나 분주하게 활동하는지 아침에 일어나면 약간 피곤하기까지 했다.

8년 차에 마침내 내 몸에 대한 자각이 유동체에서 고체로 돌아왔다. 정기적으로 수상스키를 타기 시작했는데, 내 몸을 강하게 압박한 것이 결과적으로 몸과 뇌의 연결을 굳건히 다지는 데 도움이 되었다.

내 몸을 다시 견고한 고체로 자각하게 된 것은 축하할 만한 일이었다. 하지만 솔직히 나 자신이 유동체로 지각되던 때가 그리운 것은 어쩔 수 없었다. 우리 모두가 하나로 연결되던 때를 떠올리자 가슴이 뭉클했다.

이제 나는 남부럽지 않은 삶을 산다. 하버드 뇌조직 자원센터의 노래하는 과학자로서 지금도 여행을 다니고 있다. 인디애나폴리스에 있는 인디애나 의과대학과도 계속 함께 일하고 있다. 사이클로트론 시설을 갖추고 양성자 빔으로 종양을 치료하는 미드웨스트 양성자 방사선요법 연구소에서 고문 신경해부학자로도 일한다. 다른 뇌졸중 환자들을 돕기 위해 가상현실 시스템을 만드는 작업도 진행 중이다. 이 장치가 완성되면 개인이 각자 시각을 통해 자신의 의도를 관철시키며 자신에게 맞는 신경치료를 할 수 있다.

이른 아침에는 먼로 호수에서 수상스키를 즐기고, 저녁에는 열심히 동네를 산책한다. 창의력을 키우기 위해서 작업실에서 스테인드글라스로 놀라운 물건들(주로 뇌)을 만든다. 기타 연주도 항상 즐겁다. 지금도 매일 어머니와 대화를 나누며, NAMI 블루밍턴 지부의 회장으로서 정신질환자에 대한 이해를 높이는 일에 적극 나서고 있다. 사람들이 마음의 평화, 기쁨과 아름다움을 삶 속에서 자유롭게 펼칠 수 있도록 돕는 일은 내 개인적인 과제가 되었다.[2]

---

2   여러 해 동안 내 사연을 저명 과학잡지인 「디스커버Discover」, 오프라 윈프리가 발행하는 잡지 「오 매거진O Magazine」, 미국 뇌졸중협회에서 발행하는 잡지 「스트로크 커넥션Stroke Connection」의 독자들과 함께 나누었다. 나의 회복 과정을 다룬 이야기는 PBS 주간 라디오 프로그램인 〈무한한 마음The Infinite Mind〉에 소개되기도 했다. 전 세계로 방영되는 〈이해: 놀라운 두뇌Understanding: The Amazing Brain〉라는 제목의 멋진 PBS 프로그램도 있다. 독자 여러분들도 뇌의 가소성에 대해 배울 수 있는 프로그램들을 찾아서 보기 바란다.

My Stroke of Insight ⎯⎯⎯⎯⎯⎯⎯⎯⎯⎯⎯

————————————————— 2부. 나로 살아가는 법

열셋.

뇌졸중이 내게 안겨준 통찰

예기치 않게 뇌의 깊숙한 곳까지 여행을 하고 보니 내 몸과 인지력, 감정과 영혼이 완전히 회복했다는 사실이 얼마나 고맙고 놀라운지 모른다. 좌뇌의 능력을 되찾으려 노력한 오랜 세월은 고난의 연속이었다. 좌뇌 신경망의 기능을 잃었을 때 단순히 기능만 사라진 게 아니었다. 적성 회로에 연결되어 있던 나만의 다양한 개성 또한 사라졌다. 평생 동안 느껴온 감정적 반응과 부정적 사고, 내 몸의 세포 기능을 되찾는 과정은 잊을 수 없는 경험이었다. 신경해부학의 관점으로 보나 심리적으로도 매혹적인 시기였다. 나는 좌뇌의 능력을 되찾고 싶었지만, 복구되는 왼쪽 뇌에서 싹트는 개성 가운데는 우뇌의 인식과 조화되기 어려운 것도 분명히 있었다.

내가 지속적으로 맞닥뜨리는 질문은 이러했다.

'내가 되찾고 싶은 기억이나 능력 외에 그와 연결된 감정과 개성까

지 꼭 되찾아야 할까?'

예를 들어 나 자신을 예전처럼 전체에서 분리된 단일하고 견고한 존재인 '자아self'로 지각하면서도 자기중심주의, 논쟁을 좋아하는 욕구, 늘 정상적이어야 한다는 강박, 이별과 죽음에 대한 공포 등과 연관되는 세포들은 회복하지 않을 수 없을까? 돈에 가치를 두되 결핍, 탐욕, 이기심의 신경 고리와는 접속하지 않을 수 없을까? 세상에서 내 위치를 되찾고 위계질서의 게임을 하되 공감 능력compassion과 평등 의식은 그대로 간직할 수 없을까? 내 가족과 관계를 다시 맺으면서 여동생으로서 관련되는 문제들에는 얽히지 않을 수 없을까? 가장 중요한 것으로, 내가 발견한 우주와 합일된 느낌을 좌뇌와 서로 조화시킬 수 없을까?

좌뇌의 능력을 되찾으려면 새로 얻은 우뇌의 의식과 가치 체계, 그와 관련한 개성을 얼마나 많이 희생해야 할까 생각해보았다. 나는 우주와 연결된 감정을 잃고 싶지 않았다. 나 자신을 모든 것에서 분리된 존재로 두는 건 싫었다. 뇌의 회전 속도가 너무 빨라져서 진정한 '자아'와 더 이상 접촉할 수 없게 되는 건 원하지 않았다. 솔직히 말하건대 세상 모든 번뇌로부터의 해방감(열반과 같은 느낌일 거라는 생각이 들었다)을 포기할 순 없었다. 내가 다시 '정상적인' 사람으로 돌아가려면 우뇌가 어떤 대가를 치러야 할까?

현대 신경과학자들은 양측 반구의 기능적 비대칭을 신경학적 관점에서 학술적으로 설명할 수 있다며 만족해한다. 하지만 두 구조물 안에 포함된 심리나 개성의 차이는 자세하게 언급하지 않는다. 그냥 오른쪽 뇌가 언어나 논리적 사고를 이해하지 못한다며 멸시하며 하찮

게 취급한다. 『지킬 박사와 하이드』에서 볼 수 있듯이 우뇌는 걷잡을 수 없고 걸핏하면 폭력을 쓰고 멍청하고 무식하며 심지어 의식도 없는 성격을 가진 것으로 그려진다. 심지어 이 녀석만 사라지면 우리가 더 나은 존재가 될 것만 같다! 이와 대조적으로 좌뇌는 흔히들 언어적이고 순차적이고 논리적이고 합리적이고 명석하며 의식이 머무는 기관으로 칭송된다.

뇌졸중을 겪기 전에는 좌뇌의 세포들이 우뇌의 세포들을 지배했다. 왼쪽 뇌의 판단 내리고 분석하는 성격이 내 개성을 좌지우지했던 것이다. 그러다가 출혈이 일어나 좌뇌의 언어 중추 세포들이 망가지자 더 이상 오른쪽 뇌의 세포들을 억제하지 못했다. 그 결과 서로 다른 두 성격이 두개골에 공존하는 느낌이 들었다. 뇌의 양쪽은 그저 신경 차원에서 서로 다르게 지각하고 생각하는 것이 아니었다. 받아들이는 정보 유형에 두는 가치도 확연히 달라서 완전히 다른 성격을 드러냈다. 나는 뇌졸중 경험을 통해 우뇌 의식의 핵심에는 마음의 깊은 평화와 직접적으로 연결된 성격이 존재한다는 것을 깨달았다. 이는 평화와 사랑, 기쁨, 공감을 표현하는 일을 전담하고 있었다.

내가 다중 인격 장애라는 말은 아니다. 상황은 내가 관찰했던 것보다 훨씬 복잡하다. 오른쪽 뇌의 성격과 왼쪽 뇌의 성격을 구별하는 것은 불가능하지는 않지만 분명 어려운 일이다. 스스로를 하나의 의식을 가진 단일한 존재로 인식하기 때문이다. 하지만 조금만 지도를 받으면, 대부분의 사람들은 자신이 아니더라도 부모나 다른 가까운 사람에게서 이런 두 성격을 쉽게 확인할 수 있다. 여러분이 어느쪽 뇌에서 자신의 성격을 찾고 자기만의 정체성을 자랑스럽게 여겨

세상에서 어떤 사람이 되고 싶은지 결정할 수 있도록 돕는 것이 나의 목표이다. 우리의 두개골 안에 무엇이 들어앉아 있는지 알게 되면 뇌의 균형을 바로잡아 원하는 삶에 가까이 갈 수 있다.

많은 사람들이 머릿속에서 상극인 두 성격이 주도권을 놓고 다투는 것을 경험한다. 실제로 내가 이야기를 나눠본 거의 모든 사람들이 자기에게 자신의 성격에 상충되는 부분이 있다는 것을 예리하게 자각하고 있었다. 머리좌뇌가 뭔가를 하라고 말하는데 마음우뇌은 반대의 일을 시키는 곤란한 상황을 겪기도 한다. 생각하는 것좌뇌과 느끼는 것우뇌을 구별하려는 사람도 있다. 누군가는 우리의 이성좌뇌과 몸의 본능우뇌을 말하기도 하고, 소자아의 마음좌뇌과 대자아의 마음우뇌, 사소한 자아좌뇌와 진정한 내적 자아우뇌를 대립시키는 사람도 있다. 노동하는 마음좌뇌과 쉬고 싶은 마음우뇌, 연구자의 마음좌뇌과 외교관의 마음우뇌을 대비시키는 사람, 남성적 마음좌뇌과 여성적 마음우뇌, 양의 의식좌뇌과 음의 의식우뇌을 대비시키는 사람도 있다. 심리학자 칼 융의 추종자라면 감각하는 마음좌뇌과 직관하는 마음우뇌, 판단하는 마음좌뇌과 지각하는 마음우뇌이라고 했을 것이다. 경험에 따라 두 구조물을 어떤 언어로 표현하든, 이는 여러분의 머릿속에 있는 양쪽 뇌의 차이에서 비롯되는 것이다.

회복 과정에서 나는 양측 반구의 균형을 맞추려고 노력했다. 그리고 어떤 상황에 처했을 때 내 생각을 좌우하는 성격을 내가 직접 선택하는 것을 목표로 했다. 이는 중요한 문제였다. 내 우뇌 성격의 밑바탕에는 깊은 마음의 평화와 공감의 마음이 있기 때문이다. 우뇌의 이런 성격을 담당하는 회로를 가동하는 데 많은 시간을 들일수록 우리가 세상을 향해 보내는 평화와 공감의 메시지도 많아지고, 그만큼 세상에 더 많은 평화와 공감이 쌓이게 된다. 결국 어느 뇌가 어떤 유형의 정보를 처리하는지 분명히 알게 되면 우리가 개인으로서, 나아가 인류의 일원으로서 생각하고 느끼고 행동하는 방식에 더 많은 선택의 여지가 생기는 것이다.

신경해부학의 관점에서 보자면, 좌뇌의 언어 중추와 정위연합 영역이 기능을 멈추었을 때 내 우뇌는 깊은 마음의 평화 상태에 들어섰다. 앤드루 뉴버그와 유진 다퀼리 박사가 몇 년 전에 수행한 뇌 연구를 통해 당시 나의 뇌에서 무슨 일이 벌어졌는지 제대로 이해할 수 있었다. 이들은 단일광자방출단층검사SPECT 기술을 사용하여 종교적 혹은 영적 경험의 밑바탕에 있는 신경해부 구조를 확인했다. 우리가 개인의 존재에서 벗어나 우주(신, 열반, 극도의 행복감)와 하나가 되는 감정을 느끼는 순간, 뇌의 어느 부위가 관여하는지 확인하는 연구에 나선 것이다.

이를 위해 이들은 티베트 수도승과 프란체스코 수도회 수녀들을 불러 SPECT 기계 안에 들어가 명상을 하거나 기도를 올리게 했다. 이어 명상이 절정에 달하거나 신과의 합일을 느끼는 순간, 실을 잡아당기도록 했다. 이 실험을 통해 뇌의 특정 부위의 신경 활동이 달라지는 것이 확인되었다. 첫째, 좌뇌 언어 중추의 활동이 감소해 뇌의 재잘거림이 멈추었다. 둘째, 좌뇌 상두정이랑에 위치한 정위연합 영역의 활동이 감소했다. 이 부위는 우리가 신체 경계를 확인하도록 돕는 곳이다. 이 곳의 활동이 억제되거나 감각계로부터 들어오는 입력의 양이 줄어들면, 우리는 공간감을 잃고 우리 몸이 어디서 시작하고 어디서 끝나는지 알 수 없게 된다.

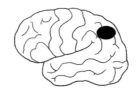

정위연합 영역(신체 경계, 공간과 시간)

　최근의 이런 연구 덕분에 좌뇌의 언어 중추가 침묵하고 왼쪽 정위 연합 영역이 정상적인 감각을 입력받지 못했을 때, 내 의식이 바뀌어 몸을 고체가 아니라 유동체로 지각하고 우주와 하나가 되는 기분을 느낀 것을 신경학적으로 설명할 수 있게 되었다.

오른쪽 뇌와 왼쪽 뇌

양측 반구에서 어떤 정보가 처리되든(혹은 처리되지 않든) 나는 나 자신이라는 집단을 여전히 단일한 마음을 가진 단일한 존재로 알고 있다. 우리의 의식은 세포들의 작용이 만들어내는 집단적 의식이며, 양측 반구가 서로를 보완하면서 세상에 대한 단일하고 매끈한 지각을 만들어내는 것이다. 얼굴을 인식하는 세포와 회로가 정상적으로 기능하면, 나는 여러분의 얼굴을 보고 여러분을 알아볼 수 있다. 정상적으로 기능하지 않으면, 목소리라든가 태도, 걸음걸이 등 다른 정보를 사용하여 여러분의 존재를 확인한다. 언어를 이해하는 세포 회로가 멀쩡하면 여러분이 무슨 말을 하는지 알아들을 수 있다. 나에게 내가 누구이고 어디 사는지를 끊임없이 일깨워주는 세포와 회로가 망가지면, 나 자신에 대한 개념이 완전히 바뀐다. 뇌의 다른 세포들이 이 특별한 기능을 떠맡는 법을 배우지 않는 한 말이다. 컴퓨터와 마찬가지로 나도 단어를 처리하는 프로그램이 없으면 이 기능을 실행하지 못한다.

양측 반구가 각자 정보를 처리하는 성향을 보면, 독자적인 가치 체계와 서로 판이한 성격을 가진 것을 분명하게 알 수 있다. 어떤 사람은 두 가지 성격 모두를 잘 다스려 뇌의 양쪽 능력과 개성을 잘 활용한다. 각각의 능력을 잘 조절하고 북돋아 좋은 방향으로 승화시키는 것이다. 이와 달리 편향된 능력을 보이는 사람도 있다. 분석적이고 비판적인 양상의 경직된 사고 패턴을 보이는 사람좌뇌 편향이 있는가 하면, 현실과의 끈을 놓고 대부분의 시간을 공상에 빠져 지내는 사람우뇌 편향도 있다. 두 성격 사이의 균형을 잘 잡으면, 변화를 기꺼이 수용할 만큼 인지력이 유연우뇌하면서도, 경로에서 이탈하지 않고 현실 감각을 유지좌뇌할 수 있다. 타고난 인지적 재능을 제대로 평가하고 활용할 줄 안다면 삶의 질이 몰라보게 좋아질 것이다. 우리가 힘을 합쳐 만들어내는 따뜻하고 이해심 넘치는 세상을 상상해보라.

슬프게도 우리 사회에서 공감을 표현하는 일은 드물다. 많은 사람들이 '잘못되거나' '나쁜' 결정을 내렸다며 스스로를(혹은 남을) 깎아내리고 헐뜯고 모욕하는 데 터무니없이 많은 시간과 에너지를 소비한다. 스스로를 다그칠 때, 당신 안의 누군가가 소리를 지르는지, 당신이 소리를 지르는 대상이 누구인지 자문해본 적이 있는가? 이런 부정적인 사고의 고리가 어떻게 마음속에서 증오감을 부추기고 불안을 가중시키는지 아는가? 그리고 더욱 심각하게도, 이런 부정적인 내면의 대화가 당신의 대인관계에 어떤 영향을 미치는지 알고 있는가?

생물학적으로 우리는 대단히 강한 존재들이다. 서로 정보를 주고

받는 뉴런의 회로들이 신경망을 이루기 때문에 이것이 어떤 행동을 보일지 상당 부분 예상할 수 있다. 특정 회로에 의식적으로 주의를 기울이거나 특정한 생각을 더 많이 할수록 해당 회로나 사고 패턴은 사소한 외부 자극에도 쉽게 작동한다.

게다가 우리의 마음은 대단히 정교한 탐색 기구이다. 우리는 무엇을 찾든 거기에 집중하게끔 설계되었다. 빨간색을 찾는 중이라면 도처에서 이를 찾는다. 처음에는 조금밖에 못 찾겠지만, 이 일에 오랫동안 집중하다 보면 누구보다 빠르게 사방에서 빨간색을 보게 된다.

양측 반구의 성격은 사물에 대한 사고방식뿐만 아니라 감정을 처리하고 몸을 움직이는 방식에서도 뚜렷하게 구분된다. 지금은 내 친구들도 내가 어떻게 어깨를 드는지, 어떻게 이마에 주름을 만드는지만 보고도 같이 있던 방에 누가 들어왔는지 알아챈다. 나의 우뇌에게는 '지금 여기right now, right here'가 전부다. 고삐 풀린 열정으로 여기저기 뛰어다닌다. 세상에 아무 걱정도 없다. 많이 웃고 아주 친절하다. 이와 달리 좌뇌는 세세한 면에 집착하고 삶을 꽉 짜인 계획표에 따라 운영한다. 나의 진지한 면을 맡고 있다. 턱을 괴고 과거에 배운 것을 바탕으로 판단을 내린다. 경계를 짓고, 모든 것을 옳거나 그른 것, 좋거나 나쁜 것으로 판단한다. 아, 물론, 눈살을 찌푸리는 식으로 판단을 드러낸다.

오른쪽 뇌는 현재 순간의 풍요로움에 모든 걸 맞춘다. 삶에 대한 고마움, 살아가며 만나는 모든 사람과 모든 것에 대한 고마움으로 가득하다. 매사에 만족하고, 정이 많고, 넉넉히 끌어안고, 한결같이 낙관적이다. 우뇌의 성격은 좋고 나쁨, 옳고 그름의 판단이 없으므로 모든 것을 상대적으로 바라본다. 현재의 모습을 있는 그대로 받아들이며 인정한다. 기온이 어제보다 쌀쌀하다. 괜찮다. 오늘 비가 온다는데, 그래도 상관없다. 이 사람이 다른 사람보다 키가 크거나 돈이 많다는 것을 알아볼 수는 있지만, 이에 대해 어떤 판단을 내리지 않는다. 오른쪽 뇌는 모든 사람을 인류라는 가족의 평등한 일원이라고 여긴다. 영토라든가 인종, 종교 같은 인위적 경계에 상관하지 않는다.

오른쪽 뇌에는 현재 순간 외의 시간이 존재하지 않으며, 매 순간이 감각들로 채워진다. 출생이나 죽음은 현재 순간에 일어난다. 기쁨의 경험 역시 현재 순간에 일어난다. 우리 자신보다 거대한 존재를 지각하고 그것과 연결되어 있다는 경험 또한 현재 순간에 일어난다. 우뇌에서는 '지금 이 순간The Moment of Now'만이 끝없이 계속 이어진다.

뇌출혈이 안겨준 가장 큰 축복은 순수함과 내적 기쁨을 담당하는 신경 회로를 회복하고 강화할 기회가 생겼다는 것이다. 뇌졸중 덕분에 나는 다시 아이 같은 호기심으로 세상을 마음껏 탐험할 수 있게 되었다. 절박한 위험이 없어서 세상을 안전하게 느꼈고, 마치 내 집 뒤뜰인 것처럼 걸었다. 오른쪽 뇌가 움직일 때 우리는 인류의 가능성이라는 직물을 이루고 있는 색실들이다. 삶은 축복이며, 우리 모두 현재 모습 그대로 아름답다.

내 우뇌의 성격은 모험심이 강하고, 풍요로움을 찬양하며, 사교에 능하다. 비언어적 소통에 탁월하고 상대방의 감정을 정확하게 알아내 감정이입에 능숙하다. 또한 감정의 몰입이 일어나 우주와 하나됨을 느끼게 한다. 나의 종교적 마음이 머무는 곳도 우뇌에 있다. 덕분에 나는 현명한 관찰자가 된다. 직관과 고차원적 의식이 여기서 생긴다. 오른쪽 뇌는 항상 현재형이며 시간 감각이 없다.

우뇌의 타고난 기능 가운데 하나는 낡은 정보가 담긴 파일을 새롭게 업데이트할 수 있도록 매 순간 새로운 깨달음을 가져다준다는 점이다. 나는 유년기 내내 호박을 먹지 못했다. 그런데 우뇌 덕분에 기꺼이 호박에 재도전할 수 있었고, 지금은 호박을 아주 좋아한다. 많은 사람들이 좌뇌로 판단을 내린 후에는 파일 업데이트를 위해 선뜻 오른쪽으로(우뇌의 의식으로) 넘어가지 못한다. 그래서 판단을 한번 내리고 나면 그 결정을 끝까지 고집하는 사람이 많다. 내가 깨닫기로 지배욕이 강한 좌뇌가 가장 싫어하는 일은 제한적인 두개골 공간을 개방적인 우뇌와 공유해야 한다는 것이다!

내 오른쪽 뇌는 새로운 가능성을 기꺼이 받아들이고 틀에서 벗어나 사고한다. 틀을 만든 장본인인 좌뇌가 세운 규칙과 규제에 얽매이지 않는다. 그래서 창의력을 발휘해 새로운 일을 시도한다. 혼란이 창의적 과정의 첫 단계임을 잘 안다. 근운동 감각이 뛰어나고 기민하며, 육체가 세상 속으로 뛰어드는 것을 사랑한다. 내 세포들이 직감이라는 통로를 통해 보내는 미묘한 메시지를 잘 받아들이며, 촉감과 경험을 통해 배운다.

내 우뇌는 자유를 찬양하며, 과거에 발목이 잡히거나 미래에 일어날 혹은 일어나지 않을 것을 두려워하지 않는다. 내 삶과 세포들의 건강을 존중한다. 그리고 내 몸만 챙기는 것이 아니라 같은 사회의 일원인 당신의 몸과 우리의 정신 건강을 염려하며, 이 땅의 모든 생명에 관심을 갖는다.

오른쪽 뇌의 의식은 우리 몸의 모든 세포(적혈구는 제외하고)에 어머니 난자와 아버지 정자가 결합했을 때 만들어진 처음의 세포와 똑같은 분자적 지성이 들어 있음을 높이 평가한다. 내 오른쪽 뇌는 내가 50조 개의 분자들이 만들어낸 생명임을 이해한다! 우리 모두가 서로 연결되어 정교한 구조의 우주를 이루고 있다는 사실을 이해하고, 내부의 박자에 맞춰 열정적으로 행진한다. 경계의 지각에서 완전히 놓여난 오른쪽 뇌는 이렇게 소리친다.

"나는 모든 것의 일부이다. 이 땅의 우리 모두는 형제자매들이다. 우리는 이 세상을 좀더 평화롭고 친절한 곳으로 만들기 위해 여기에 왔다."

우뇌는 살아 있는 모든 개체들이 서로 통하는 것을 본다. 여러분도 여러분 안에 잠재되어 있는 우뇌의 성격을 깨닫기를 바란다.

우뇌가 개방적이고 열정적으로 삶을 껴안은 것을 칭송하긴 했지만, 사실 좌뇌의 능력도 놀랍기는 마찬가지다. 회복에 걸린 10년의 세월 동안 내가 보다 큰 비중을 두며 에너지를 쏟은 것이 바로 이 부위였다. 왼쪽 뇌는 모든 에너지, 지금 이 순간에 관한 모든 정보, 그리고 오른쪽 뇌가 인식한 모든 가능성들을 받아들여 감당할 만한 것으로 만들어낸다.

좌뇌는 내가 외부 세계와 소통할 때 사용하는 도구다. 우뇌가 이미지들의 콜라주로 생각한다면, 좌뇌는 언어로 생각하고 끊임없이 내게 말을 건넨다. 뇌의 재잘거림을 통해 내가 삶에 뒤처지지 않게 해줄 뿐만 아니라 정체성을 드러내주기도 한다. 좌뇌의 언어 중추가 '나는 무엇무엇이다'라고 말함으로써 나는 영원한 우주의 흐름에서 떨어져 나온 독립적인 존재, 단일하고 견고한 존재가 된다.

정보 조직 능력에 관한 한 좌뇌보다 뛰어난 도구는 세상에 없을 것이다. 모든 것을 범주화하고 조직하고 설명하고 판단하고 날카롭게 분석할 줄 아는 자신의 능력에 자부심을 갖고 있다. 찬찬히 생각하고 계산하는 일에 능하다. 실제로 소리 내어 말하지 않더라도, 속으로 이론화하고 합리화하고 기억하느라 늘 분주하다. 완벽주의자이며 회사나 집안을 책임지는 놀라운 관리인이다.

'모든 것은 그에 맞는 자리가 있고, 모든 것은 제자리에 있어야 해.'

이것이 왼쪽 뇌의 좌우명이다. 오른쪽 뇌가 인간적인 사랑을 높이 산다면, 왼쪽 뇌는 재정과 경제에 관심이 많다.

행위의 측면에서 볼 때, 왼쪽 뇌는 여러 일들을 동시에 척척해내는 멀티태스킹을 즐긴다. 참으로 바쁜 꿀벌이며, 하루에 해야 할 일을 얼마나 많이 처리했는지에 따라 그 가치가 결정되기도 한다. 순차적으로 생각하기 때문에 기계 조작에 능숙하다. 차이와 개성에 집중할 수 있는 타고난 일꾼이다.

왼쪽 뇌는 특히 패턴 파악을 잘한다. 그래서 다량의 정보를 재빨리 처리할 수 있다. 외부 세계에서 벌어지는 경험을 따라잡기 위해 놀라우리만치 빠른 속도로 정보를 처리하는 것이다. 이에 비하면 오른쪽 뇌의 처리 속도는 괭이질에 가깝다. 오른쪽 뇌가 게을러질 수 있다면, 왼쪽 뇌는 지나치게 들뜰 수 있다.

양측 반구의 사고 속도와 정보 처리 방식의 차이, 그리고 사고, 말, 행동 가운데 무엇을 관장하는가 하는 차이는 처리 가능한 감각 정보의 유형이 서로 다른 것과도 관계가 있다. 오른쪽 뇌는 빛의 긴 파장을 지각한다. 그래서 우뇌의 시각적인 지각은 다소 불분명해 보인다.

모서리 지각을 할 수 없기 때문에 사물들이 서로 어떻게 관련되는가 하는 큰 그림에 집중하게 된다. 또한 배 속의 꾸르륵 소리 같은 자연스러운 생리적 반응이 만들어내는 낮은 주파수 소리와 통한다. 생물학적으로 우리의 생리 작용에 주목하도록 설계되었다.

이와 달리 왼쪽 뇌는 짧은 광파를 지각해 날카로운 경계를 명확히 분간하는 능력이 뛰어나다. 그래서 가까이 붙어 있는 대상들 사이의 경계를 확인하는 일에 선수다. 또한 좌뇌의 언어 중추는 높은 주파수 소리에 민감해서 보통 언어와 관련되는 톤을 감지하고 구분하고 해석하는 일을 돕는다.

좌뇌의 가장 뛰어난 특질로 이야기를 엮어내는 재주를 빼놓을 수 없다. 좌뇌의 언어 중추에서 이야기를 담당하는 부위는 최소한의 정보를 갖고 바깥세상을 이해하도록 특별히 설계되었다. 세부 사항들을 입수해서 하나로 엮어 이야기를 만들어내는 것이다. 무엇보다 인상적인 것은 왼쪽 뇌가 이야기를 지어내는 능력이다. 실제 자료 사이에 틈이 있으면 이를 감쪽같이 메운다. 게다가 스토리 라인을 만드는 과정에서 다른 시나리오를 지어내기까지 한다. 그래서 여러분이 좋든 싫든 진심으로 공감을 느끼는 상황이 되면, 왼쪽 뇌가 이런 감정 회로에 접속해서 만일의 가능성을 다 살펴본다.

왼쪽 뇌의 언어 중추가 회복되어 다시 기능하기 시작하자, 나는 머릿속 이야기꾼이 최소한의 자료로 어떻게 결론을 끌어내는지 관찰하며 많은 시간을 보냈다. 오랫동안 이야기꾼의 익살맞은 행동이 우스꽝스럽게 보였다. 적어도 왼쪽 뇌가 자신이 만들어낸 이야기를 나머지 뇌가 정말로 믿을 거라고 기대하고 있다는 것을 내가 깨닫기 전까지는 말이다! 왼쪽 뇌의 성격과 능력이 회복되는 내내 나는 좌뇌가 최선을 다하고 있다고 믿었고, 그 믿음은 내게 굉장히 중요했다. 하지만 내가 실제로 아는 것과 내가 안다고 생각하는 것 사이에는 엄청난 간극이 있다. 이것을 잊어서는 안 된다. 나는 이야기꾼이 혹시라도 내 삶의 극적인 사건이나 심적인 외상을 자극할지 몰라 경계해야 했다.

같은 맥락에서 하는 말인데, 왼쪽 뇌는 열정적으로 이야기를 만들어 사실이라고 내놓을 때마다 스스로 반복하려는 경향을 보였다. 내 마음속에서 반복되는 사고 패턴의 고리가 만들어진 것이다. 많은 사람들이 이런 사고의 고리를 제대로 제어하지 못해 습관적으로 황폐한 가능성을 떠올린다. 불행히도 우리 사회는 아이들에게 자신만의 마음의 정원을 세심하게 돌봐야 한다고 가르치지 않는다. 뇌 속에서 벌어지는 상황에 대한 세심한 관리법을 배우지 못했으므로, 다른 사람들이 우리에 대해 어떻게 생각하는지 마음 졸일 뿐만 아니라 광고 공세나 정치 조작에도 금세 마음이 흔들린다.

내가 회복하지 않으려고 노력했던 왼쪽 뇌의 부위가 있다. 비열하게 굴고 끊임없이 걱정하고 나 자신이나 남들에게 막말을 하는 경향이 있는 좌뇌의 성격이었다. 솔직히 말하면 이런 태도가 내 몸 안에 불러일으키는 생리적 느낌이 싫었다. 가슴이 답답해지고 혈압이 치솟고 이마가 부어올라 두통이 일어나는 현상 말이다. 아울러 과거의 고통스러웠던 기억을 자동으로 머릿속에 재생하는 오래된 감정 회로도 되살리고 싶지 않았다. 과거의 고통에 사로잡혀 살기에는 인생이 너무도 짧았다.

회복 과정 중에 나는 고집스럽고 오만하고 비꼬기 좋아하고 질투심 많은 내 성격을 담당하는 부위가 상처받은 왼쪽 뇌의 자아 중추 안에 존재한다는 것을 발견했다. 이 부위는 나를 지독한 패배자로 만들고, 원한을 품고, 거짓말을 하고, 심지어 복수를 꾸미게 한다. 이런 성격을 되살리면 새롭게 찾은 우뇌의 순수함을 위협할 게 분명했다. 나는 이런 낡은 회로들을 그냥 내버려둔 채 좌뇌의 자아 중추를 회복하려고 의식적으로 많은 노력을 기울였다.

열다섯.

뇌를 다스리는 법

나는 책임감이란 '특정 순간 감각계로 들어오는 자극에 어떻게 반응할지 선택하는 능력'이라고 정의한다(영어로 책임감을 뜻하는 'responsibility'는 반응response하는 능력ability이다). 자동으로 활성화되는 변연계감정 프로그램도 있는데, 하나의 프로그램이 활성화되었다가 완전히 멈추는 데 90초 정도가 걸린다. 가령 분노라는 감정은 자동으로 유발되도록 설계된 반응이다. 어떤 계기로 인해 뇌가 분비한 화학 물질이 몸에 차오르고, 우리는 생리적 반응을 겪게 된다. 최초의 자극이 있고 90초 안에 분노를 구성하는 화학 성분이 혈류에서 완전히 빠져나가면, 우리의 자동 반응은 끝이 난다. 그런데 90초가 지났는데도 여전히 화가 나 있다면, 그것은 그 회로가 계속해서 돌도록 스스로 의식적으로 선택했기 때문이다. 순간순간 우리는 신경 회로에 다시 접속할지, 아니면 감정을 스쳐 지나가는 단순한 생리 현상으로 사라지게 할지 선택하는 것이다.

왼쪽 뇌와 오른쪽 뇌의 성격을 받아들이는 문제와 관련하여 흥미로운 것은 어떤 상황이든 다르게 대처할 수 있는 방법이 있다는 것이다. 같은 양의 물이 든 컵을 보고도 물이 겨우 반밖에 안 찼다고 할 수도 있고, 반이나 찼다고 할 수도 있는 것처럼 말이다. 여러분이 분노와 좌절로 나를 대할 때, 나는 여러분의 분노를 그대로 받아 싸움을 걸 수도 있고좌뇌, 아니면 여러분의 감정에 공감해 이해하는 마음으로 대할 수도 있다우뇌. 대부분의 사람들이 모르고 있지만, 우리는 매 순간 어떻게 반응할지 무의식적으로 선택한다. 이때 미리 프로그래밍된 반응의 패턴 변연계에 익숙해져 자동 조정 장치에 우리의 삶을 맡기기가 쉽다. 나는 고차적 피질세포가 변연계에서 벌어지고 있는 일에 더 많이 주목할수록 내가 생각하고 느끼는 것을 선택할 수 있는 결정권이 많아진다는 사실을 깨달았다. 그래서 자동 회로가 어떤 선택을 내리는지 주시하면서 힘을 기르고 의식적으로 더 많은 선택을 내린다. 장기적으로는 내 삶의 모습을 내가 책임지려는 것이다.

요즘 나는 나의 뇌에 매료되어 대부분의 시간을 '생각'에 관해 생각하며 보낸다. 소크라테스가 말했듯이 '검토되지 않은 삶은 살아갈 가치가 없다.' 고통을 안겨주는 생각은 할 필요가 없다는 깨달음은 그 무엇보다 큰 힘이 되었다. 어떤 고통스런 생각을 하더라도 내가 자발적으로 그 감정 회로에 접속했다는 것을 알기만 하면 괜찮아진다. 결국 그 생각을 멈출 의식적인 힘이 내게 있다는 것을 알기 때문이다. 몸 상태나 심정이 어떻든 상관없이 언제든 오른쪽 의식으로 넘어가 평화롭고 사랑스러운 마음우뇌을 선택할 수 있다.

나는 오른쪽 뇌의 너그러운 시선으로 주위 환경을 살펴볼 때가 많다. 마음의 기쁨을 그대로 간직하면서 감정적으로 예민한 회로와 거리를 둘 수 있기 때문이다. 무언가가 내 영혼에 긍정적인 영향을 줄지 부정적인 영향을 줄지 스스로 판단한다. 최근에 나는 차를 운전하며 내가 좋아하는 노래 〈I got jooooooy in my heart!〉를 부르다가 유감스럽게도 과속 주행으로 걸리고 말았다. 아마 내 몸속에 너무 많은 열정이 흘렀나 보다! 딱지를 받고는 괜히 기분 상하지 말자고 수십 번이나 마음속으로 다짐해야 했다. 나지막한 부정의 목소리가 계속해서 추한 머리를 쳐들고 나를 자극했다. 상황을 다른 각도에서 보려고 노력했다. 그런다고 해서 결과가 달라지지도 않는데 말이다. 솔직히 좌뇌라는 이야기꾼의 이런 집착은 시간 낭비이자 감정적 소모일 뿐이다. 나는 뇌졸중 덕분에 의식적으로 과거의 일에 연연하지 않고 현재에 집중함으로써 내 에너지를 낭비하지 않는 법을 배웠다.

가끔은 나와 다른 사람의 좌뇌 의식과 태도가 서로 충돌하여 논의를 벌이거나 감정이 고조될 때 순수한 만족을 느끼기도 한다. 하지만 공격성이 내 몸을 지배할 때 기분은 그리 좋지 않다. 그래서 적대적인 대결은 피하고 공감을 선택하는 경우가 더 많다.

어떻게 살아가는 것이 옳은지 쓰인 매뉴얼을 가지고 세상에 태어나는 사람은 없다. 그래서 나는 남들에게 친절하게 대하는 것이 정말 편하다. 생물학적으로 타고난 고통스러운 감정의 짐이 우리에게 얼마나 많고 무거운지 생각하면 상대를 공감의 마음으로 대하게 된다. 그 과정에서 실수도 일어날 것이다. 하지만 스스로를 자책하거나 자신의 행동과 실수를 자신만의 책임으로 받아들일 필요는 없다. 여러분은 여러분이고 나는 나다. 마음의 깊은 평화를 느끼고 친절함을 공유하는 것은 서로를 위한 선택이다. 타인을 용서하고 스스로를 용서해야 한다. 지금 이 순간을 완벽한 순간으로 받아들여야 한다.

열여섯.

마음의 회로

내 좋은 친구 제리 제시프 박사는 '평화는 우리가 도달하려는 곳이 아니라 지금 시작하는 곳에 있어야 한다'는 철학에 따라 살아간다. 나는 이 말을 이렇게 해석한다. 우리는 오른쪽 뇌의 평화로운 의식에서 출발해야 하며, 왼쪽 뇌의 능력을 사용하여 바깥세상과 상호작용해야 한다고. 그는 또한 양측 반구의 관계를 설명하기 위해 '이중의 상호 침투 자각'이라는 말을 만들어냈다. 심오하고 정확한 판단이라고 생각한다. 뇌량으로 양측 반구가 정교하게 얽혀 있는 덕분에 우리는 스스로를 단일한 개인으로 지각한다. 하지만 우리가 서로 완전히 다른 두 가지 방식으로 세상에 존재한다는 것을 이해하면 각자 머릿속에서 벌어지고 있는 일에 대해 예상외의 큰 힘을 의식적으로 발휘할 수 있다!

왼쪽 뇌가 대단히 빠른 속도로 정보를 처리하는 능력을 되찾자 예전처럼 나는 다시 유능해졌다. 이제 완전히 정상으로 돌아왔다. 기분으로는 시속 백만 킬로미터의 속도로 삶과 재접속하고 있다. 좌뇌의 언어 중추와 우뇌의 내적 평화 의식이 자연스럽게 경합을 벌여 나를 정상적인 상태로 되돌려놓았다는 사실은 말할 필요도 없다. 기능이 정상으로 돌아와 흥분되기도 하지만, 솔직히 그보다는 겁이 더 많이 난다.

왼쪽 뇌를 잃었던 경험 덕분에 다양한 유형의 뇌질환을 겪은 사람들을 더 긍정적으로 바라볼 수 있게 되었다. 가끔 이런 생각을 한다. 언어 능력을 잃거나 정상적인 방식으로 남들과 소통하지 못하는 사람들은 그 대신 어떤 통찰이나 능력을 얻었을까? 나는 나와 다른 사람이나 정상으로 여겨지지 않는 사람을 보며 안타까워하지 않는다. 불쌍하게 여기는 것은 적절한 반응이 아니라는 것을 깨달았다. 그들을 불편하게 느끼지 않고 친절함과 호기심으로 대하고 싶다. 그들의 특별함에 마음이 끌린다. 비록 눈을 바라보거나 친절한 미소와 손길을 나누는 수밖에 없다 해도 의미 있는 관계를 맺고 싶다.

내가 내 삶을 책임진다는 것은 내가 운전대를 잡고 힘을 발휘한다는 뜻이다. 아찔할 정도로 빠르게 돌아가는 세상에서 제정신(평화로운 마음)을 잃지 않기 위해 나는 왼쪽 뇌와 오른쪽 뇌에서 벌어지고 있는 일들을 건강하게 조화시키려고 지금도 아주 열심히 노력하고 있다. 나는 우주만큼 거대한 존재이면서 동시에 한 줌의 흙에 불과하다는 것을 알게 되었다. 그래서 행복하다.

사람마다 뇌가 다르긴 하지만, 내가 실제로 겪은 몇 가지 간단한 사항들을 여러분에게 알려주고자 한다. 내가 주위의 에너지에 어떻게 영향을 주는지 유심히 관찰하고 자각할수록 내 생각과 감정에 더 큰 결정권을 갖게 되는 것 같다. 내 삶이 어떻게 흘러가고 있는지 확인하기 위해 나는 내 주위에서 에너지가 어떻게 흘러가고 멈추는지 면밀히 주시한다. 관심사에 따라 일이 돌아가는 상황에 책임을 지고 지속적으로 조정해간다. 그렇다고 해서 내게 일어나는 모든 일을 내가 완전히 다 통제한다는 뜻은 아니다. 하지만 세상사에 대해 내가 어떻게 생각하고 느낄지 선택하는 것은 나 자신이다. 설령 부정적인 사건에 맞닥뜨리더라도 내가 기꺼이 오른쪽 의식으로 넘어가 포용력을 발휘해 상황을 헤쳐나간다면, 그것은 귀중한 삶의 교훈이 될 것이다.

왼쪽 뇌의 언어 중추와 이야기꾼 기질이 다시 정상으로 돌아오자 내 마음은 무모한 이야기를 지어내고 부정적인 사고 패턴으로 이어지는 경향을 보였다. 이런 부정적 사고나 감정의 순환 회로에서 빠져나오는 첫 단계는 이런 회로에 엮여 있다는 사실을 알아채는 것이다.

물론 자신의 뇌가 스스로에게 하는 말에 주목하는 것이 익숙한 사람들도 있다. 하지만 내가 가르치는 많은 대학생들은 뇌가 자신에게 말하는 것을 그저 관찰만 하는 것도 정신적으로 아주 피곤하다며 불평을 쏟아놓았다. 공평한 증인의 입장에서 뇌의 소리를 듣는 법을 배우려면 연습과 인내가 필요하다. 그러나 일단 이 기술을 터득하고 나면 이야기꾼이 만들어내는 귀찮은 극적 사건과 정신적 외상을 자유자재로 넘어설 수 있다.

뇌가 지금 어떤 인지적 회로를 가동하고 있는지 파악하고 나면, 이제 이런 회로가 내 몸 안에 생리적으로 어떤 느낌을 주는지에 집중한다. 경계심이 드는가? 동공이 팽창했나? 숨이 깊거나 얕은가? 가슴이 답답한가? 머리가 멍한가? 속이 불편한가? 안절부절못하거나 불안한 기분인가? 다리에 힘이 풀렸나? 공포, 불안, 분노의 신경 회로를 가동시키는 자극은 엄청나게 다양하다. 그것이 무엇이든 일단 회로가 가동되면 일관된 생리적 반응을 일으키므로 여러분은 이를 의식적으로 관찰하도록 스스로를 훈련시킬 수 있다.

뇌가 아주 단정적이거나 비생산적이거나 통제 불능으로 느껴지는 회로를 가동할 때면, 나는 정서적·생리적 반응이 사라질 때까지 90초를 기다린다. 이어 아이를 대하듯 뇌에게 차분하고 거짓 없이 말한다.

'생각하고 느끼는 네 능력은 높이 사지만 나는 더 이상 이런 생각이나 감정에는 관심이 없어. 그러니 이런 것들을 끄집어내지 마.'

뇌에게 특정한 사고 패턴에 엮여 들어가는 것을 중단하라고 요청하는 것이다. 물론 사람들마다 이런 의도를 전달하는 방식은 다르다. '그만해! 그만하란 말이야!'라고 말하는 사람도 있고, '나 지금 바빠!'라고 하거나 '이제 지겨워! 제발 좀 집어치워!'라고 말하는 사람도 있다.

그런데 이렇게 마음의 진실 어린 목소리로 생각만 해서는 제 기능을 열심히 수행하고 있는 이야기꾼에게 메시지가 전달되지 않을 때가 많다. 내가 알아낸 바로는 여기에 적절한 감정을 덧붙여 진심인 것처럼 생각해야 이야기꾼이 더 귀를 기울인다. 그래도 뇌가 제대로 듣지 않으면, 손가락을 공중에서 흔드는 등의 몸짓을 메시지에 더한다. 잔소리하는 어머니처럼 우리가 메시지에 열정을 더하고 다차원적인 방법들을 동원하면 뜻을 더욱 효과적으로 전달할 수 있다.

나는 내 뇌와 몸의 세포 가운데 99.999퍼센트가 내가 행복하고 건강하고 잘되기를 바란다고 믿는다. 하지만 나머지의 작은 일부가 문제다. 이는 내 기쁨은 어떻게 되든 상관하지 않으며, 마음의 평화를 방해할 가능성이 높은 사고 패턴을 탐구하기 좋아한다. 나는 이런 세포 집단들을 훼방꾼, 피넛 갤러리Peanut gallery[1], 말 많은 이사회 일원 능능으로 부른다. 언어 중추에 있는 이런 세포들이 숙명과 우울의 고리를 능수능란하게 가동하는 장본인들이다. 이런 세포들이 질투, 공포, 분노 같은 부정적 감정을 활성화시킨다. 세상에 온통 끔찍한 것밖에 없다며 푸념하고 투덜댈 때 이런 세포들이 활개를 친다.

세포들이 말을 듣지 않는 극단적인 상황이 오면 나는 진정한 목소리를 이용해 언어 중추의 '훼방꾼'을 엄격한 스케줄로 관리한다. 이야기꾼에게 오전 9시부터 9시 반, 그리고 오후 9시부터 9시 반까지는 마음대로 푸념해도 좋다고 허락한다. 뜻하지 않게 푸념 시간을 놓치면 다음 약속 시간이 돌아올 때까지 그 행동을 재개할 수 없다. 내가 이런 부정적인 사고의 회로에 정말로 엮이고 싶지 않아 한다는 메시지를 세포들은 금세 알아듣는다. 따라서 지금 뇌에서 어떤 회로가 돌아가고 있는지 끈질기고 확고한 태도로 주목하기만 하면 된다.

나는 자신의 목소리에 귀를 기울이는 것이 정신 건강에 아주 중요하다고 믿는다. 내 생각에는 내부의 언어적 폭력을 용납하지 않겠다는 굳은 결심이 마음의 깊은 평화를 발견하는 첫걸음이다. 나는 뇌에서 부정적인 이야기꾼의 비중이 고작 땅콩 크기밖에 안 된다는 것을

---

1   극장에서 가장 싼 좌석을 의미하는 속어로 시시한 비평을 하는 사람들을 말하기도 한다. [옮긴이 주]

깨달았을 때 엄청난 힘을 얻었다! 이런 짓궂은 세포들이 침묵한다면 삶은 얼마나 아름다워질 것인가. 왼쪽 뇌의 기능을 되찾는다는 것은 모든 세포가 발언권을 부여받는다는 뜻이다. 하지만 내 정신의 건강을 위해서는 마음의 정원을 돌보고 이런 세포들의 활동을 억제시켜야 했다. 내 이야기꾼은 의식으로부터 약간의 지시를 받자 내가 무엇을 원하고 무엇을 용납하지 않는지 금세 파악했다. 개방적으로 소통한 덕분에 내 자아는 이 특정한 세포 집단에서 일어나는 일을 잘 통제할 수 있게 되었다. 그래서 나는 이제 원치 않거나 부적절한 사고 패턴에 엮이는 일이 거의 없다.

말은 이렇게 하지만, 가끔 내 이야기꾼이 기발한 전략으로 맞서 나를 유혹할 때가 있다. 이 세포들은 어린아이들처럼 진정한 목소리의 권위에 도전하고 내 신념을 시험한다. 조용히 하라는 말을 들으면 한동안은 가만히 있지만, 얼마 뒤에 금지된 신경 회로를 다시 가동하는 것이다. 내가 끈질기게 다른 것에 마음을 집중하지 않으면, 원치 않는 이 회로는 힘을 얻어 어느덧 내 마음을 점령한다. 이에 맞서기 위해 나는 필요할 때마다 의식을 집중시킬 수 있는 세 가지 사항을 항상 염두에 두고 있다.

1. 매력적이라 생각해서 더 찬찬히 살펴보고 싶은 것.
2. 내게 대단한 기쁨을 안겨주는 것.
3. 내가 하고 싶은 것.

어떻게든 마음을 돌려세워야 할 때면 이런 것들을 머릿속에 떠올리는 것이다. 한편 몸이 피곤하거나 감정적으로 힘들어 긴장을 놓고 있을 때도 이런 부정적 회로가 불현듯 작동한다. 따라서 계속 주시해야 한다. 그래야 생각하고 싶은 것을 생각하고 느끼고 싶은 감정을 느끼며 살 수 있다. 마음의 평화를 잃지 않으려면 순간순간 마음의 정원을 착실하게 가꾸고, 하루에도 수천 번 긍정적 결정을 내려야 한다.

우리의 사고 패턴은 다차원적 회로에 바탕을 두고 있다. 이를 꼼꼼히 검토해보기로 하자. 먼저 주제가 있다. 이는 내가 의식적으로 생각하고자 하는 대상이다. 예를 들어, 마지막 8년을 내 무릎 위에서 보냈고 내가 이 책을 쓸 수 있도록 도와준 반려견 니아에 대해 생각해보자. 첫째, 니아를 생각할 때마다 가동되는 특정 회로가 나의 뇌 속에 있다. 둘째, 각각의 사고 패턴마다 내가 알아챌 수 있는 감정 회로가 동반될 수도 있고 아닐 수도 있다. 니아의 경우 무척 사랑스러운 녀석이었으므로 녀석을 생각할 때마다 큰 기쁨을 느낀다. 니아라는 주제의 회로와 기쁨이라는 감정 회로가 밀접하게 연관되어 있는 것이다. 마지막으로 이런 특정한 회로들은 자극을 받으면 뚜렷한 행동을 드러내는 보다 복잡한 생리적 회로와 연결될 수 있다.

나는 니아를 생각_{사고 회로}할 때면 기쁨_{감정 회로}을 느끼고, 때로는 짜릿한 흥분을 경험_{생리적 회로}하고 강아지 같은 행동_{다차원적 회로}을 취한다. 아이 같은 목소리를 내며 눈을 동그랗게 뜬다. 기쁨을 주체할 수 없어서 마치 꼬리를 흔들듯 몸을 자발적으로 까딱거린다! 이런 흥분과 활기의 회로만 작동하는 것은 아니다. 가끔은 녀석의 죽음이 떠올라 절절한 슬픔을 느낄 때도 있다. 이렇게 사고가 바뀌면 밑바탕에 있는 감정 회로와 생리적 회로도 바뀌어 눈가가 촉촉해진다. 깊은 슬픔의 회로에 갇혀 가슴이 조이는 듯 느껴지고 호흡이 얕아지며 우울한 기분이 든다. 무릎의 힘이 빠지고 기력이 쇠해지고 어둠의 고리가 나를 옥죈다.

이런 격렬한 사고와 감정은 곧장 내 마음속으로 파고들 수 있다. 하지만 이번에도 역시 90초 후 내가 접속하고 싶은 감정적·생리적 고리를 선택하면 된다. 우리가 얼마나 많은 시간을 분노 회로에 접속하거나 절망의 나락에 떨어져서 보내는지 관찰해보면 정신적으로 튼튼해질 것이다. 예민한 감정의 고리에 오랫동안 갇혀 있는 것은 감정적·생리적 회로에 영향을 미치고, 결국 몸과 마음의 건강에 치명적일 수 있다. 하지만 앞서 말했듯이 감정이 우리 몸에 찾아왔을 때 존중하는 것도 중요하다. 나는 그럴 때면 세포들에게 그 감정을 경험하게 해줘서 고맙다고 인사한 뒤 지금 이 순간으로 의식을 되돌리려 애쓴다.

회로를 관찰하는 것과 회로에 관여하는 것을 적절하게 조화시켜야 치유 효과가 좋다. 나는 모든 감정을 경험하게 해준 뇌의 능력을 찬양하지만, 특정 회로에 얼마나 오래 갇혀 있는지 꼼꼼하게 주시한다. 내가 볼 때 감정을 효과적으로 넘어서는 가장 건강한 방법은 생리적 반응이 밀어닥칠 때 그 감정에 완전히 굴복하는 것이다. 신경 회로가 나를 휘어잡도록 내버려두고 90초의 주기가 끝날 때까지 기다린다. 아이들이 그러하듯 감정도 사람들이 들어주고 인정해야 정화된다. 시간이 지나면 이 회로의 강도와 빈도가 줄어들기 마련이다.

어떤 사고가 강력하게 인식되는 것은 여러 감정 회로와 생리적 회로를 동시에 가동하기 때문이다. 우리가 중립적이라고 보는 사고는 복잡한 회로를 자극하지 않기 때문에 중립적으로 인식되는 것이다. 결국 동시에 돌아가는 회로의 배열에 주목하면 우리 마음이 어떻게 배선되어 있는지 통찰할 수 있고, 그래야 마음의 정원을 더욱 효과적으로 가꿀 수 있다.

뇌세포와 대화하면서 많은 시간을 보내다 보니 내 몸을 구성하는 50조 개의 분자적 지성과 어느덧 사랑에 빠졌다. 세포들이 생생하게 움직이며 서로 완벽한 조화를 이루는 것이 너무도 고마웠고, 그것들이 내 건강을 유지해줄 것임을 추호도 의심하지 않았다. 지금도 아침에 일어나면 맨 처음으로, 그리고 밤에 잠들기 전 마지막으로 베개를 껴안고 양손을 맞잡은 채 세포들에게 멋진 날을 만들어줘서 고맙다고 말한다. 큰 소리로 이렇게.

"고마워, 친구들. 이렇게 멋진 하루를 보내게 해줘서!"

마음속에 감사의 마음이 흘러넘친다. 이어 이렇게 부탁한다.

"제발 나를 치료해줘."

그러고는 면역 세포들이 반응하는 것을 머릿속에 그려본다.

나는 열린 마음으로 감사하며 내 세포들을 전폭적으로 지지하고 사랑한다. 하루 종일 이들의 존재를 인식하고 열정적으로 격려를 보낸다. 내가 나의 에너지를 세상에 발산하며 멋진 삶을 살 수 있는 것도 다 세포들 덕분이다. 창자가 꿈틀거릴 때면 몸에 남은 찌꺼기를 깨끗이 치워준 세포들에게 갈채를 보낸다. 소변을 눌 때면 방광 세포들이 담아둔 엄청난 양에 경탄할 수밖에 없다. 허기가 지는데 먹을 수 없는 상황이 되면 나는 세포들에게 엉덩이에 지방을 저장해두었다고 알려준다. 위협을 받을 때면 싸우거나 도망가게 해주는 세포들이 고맙다.

이와 동시에 나는 내 몸이 건네는 말을 귀담아듣는다. 피곤할 때면 세포들에게 휴식을 준다. 몸이 축 처지면 세포들에게 움직이라고 격려한다. 고통이 찾아오면 가만히 앉아서 상처를 부드럽게 감싸고, 의식적으로 고통에 몸을 맡겨 사라질 때까지 기다린다. 고통은 우리 몸 어딘가에 상처가 있다는 것을 뇌에 알리려고 세포들이 사용하는 도구이다. 뇌의 주목을 받으려고 고통 수용체를 자극하는 것이다. 고통이 있다는 것을 뇌가 인식하고 나면 목적을 달성했으므로 강도를 줄이거나 사라지게 한다.

집중하는 인간의 뇌보다 더 막강한 것은 세상에 없다. 언어를 통해 우리의 왼쪽 뇌는 몸의 치료와 회복을 지시(혹은 방해)할 수 있다. 언어와 자아를 담당하는 왼쪽 뇌는 50조 개의 분자적 지성을 한꺼번에 움직이는 응원단장과도 같다. 내가 세포들에게 주기적으로 '잘하고 있어!'라고 격려를 보내면, 세포들은 치료 환경을 강화하는 진동을 몸속에서 만들어낸다. 세포들이 건강하고 행복할 때 나도 건강하고 행복하다.

그렇다고 정신질환자들이 자신의 머릿속에서 벌어지는 일을 전적으로 선택할 수 있다는 말은 아니다. 하지만 나는 중증 정신병의 모든 징후에는 생물학적 근거가 있다고 생각한다. 어떤 세포가 어떤 세포와 어떤 화학 물질을 얼마만큼 주고받는가가 정신질환 발병을 결정하는 것이다. 현재 뇌 연구는 정신병의 바탕이 되는 신경 회로의 이해에

박차를 가하고 있다. 우리의 지식이 늘어날수록 사람들이 자신의 정신 건강을 효과적으로 돌보도록 도와줄 방법도 늘어날 것이다.

　현재 우리가 가진 치료 방법에는 처방약을 통해 뇌세포를 화학적으로 변화시키는 방법, 전기 자극을 가하는 방법, 심리 치료를 통해 인지적으로 변화시키는 방법이 있다. 내가 볼 때 의료적 치료의 목적은 공통된 현실을 공유하는 능력을 키우는 데 있다. 불행히도 조현병 진단을 받은 사람의 60퍼센트가 자기가 아프다는 사실을 인정하지 않는다. 그래서 치료 방법을 찾지 않고 약물이나 음주를 통해 스스로 해결하려는 경우가 많다. 단순히 기분 전환을 위해 약이나 술을 찾는 경우에도 현실 공유 능력을 해치고, 건강에 역효과가 일어날 수 있다. 그러므로 타인과의 적극적인 교류가 반드시 필요하다.

열일곱.

지금 여기에서 행복해지는 연습

마음의 깊은 평화가 생각이나 감정만으로 가능하다는 것을 알게 된 것은 뇌졸중이 내게 안겨준 소중한 선물이다. 평화를 경험했다고 해서 삶이 항상 행복에 젖어 있다는 말은 아니다. 눈코 뜰 새 없이 바쁜 삶의 와중에도 행복한 마음 상태에 접속할 수 있다는 얘기다. 대부분의 사람들을 살펴보면 생각하는 마음과 따뜻한 가슴 사이의 거리가 멀어 보일 때가 많다. 어떤 사람은 의지에 따라 이 거리를 훌쩍 뛰어넘기도 한다. 어떤 사람은 절망과 분노, 불행에 완전히 사로잡혀서 평화로운 마음이라는 생각조차도 낯설고 불안하게 느낀다.

왼쪽 뇌를 잃어본 경험에서 하는 말인데, 마음의 깊은 평화는 오른쪽 뇌의 신경 회로에 존재하는 것이 분명하다. 이 회로는 항상 작동 중이고 우리가 마음만 먹으면 언제라도 접속할 수 있다. 평화의 감각은 현재 순간에 일어난다. 과거의 경험에서 가져오거나 미래로 투사하는 것이 아니다. 마음의 평화를 경험하는 첫 번째 단계는 지금 이 순간에 기꺼이 몰입하는 것이다.

마음의 깊은 평화의 회로를 가동시킬 때를 잘 알아두면, 원할 때 그 회로에 접속하기가 한결 쉬워진다. 마음이 여러 다른 생각들로 산만해서 회로의 가동 시기를 알아차리려면 의식적으로 많이 노력해야 하는 사람이 있다. 그럴 만도 한 것이 서구 사회는 우뇌의 '존재하는' 능력보다 좌뇌의 '행하는' 능력을 훨씬 높이 평가하고 보답한다. 따라서 여러분이 오른쪽 뇌의 의식에 접근하는 것이 어렵다면, 그것은 어릴 때 배운 습관이 몸에 배어 있기 때문이다. 내 친구 캐트 도밍고 박사가 주장하듯이 '계몽은 배움의 과정이 아니라 배운 것을 버리는 과정'임을 깨닫도록 하자.

우리는 항상 우뇌를 활용하고 있다. 양측 반구가 힘을 합쳐 순간순간 우리에게 현실을 인식시켜준다. 현재 순간의 회로에 연결될 때 여러분의 몸 안에 흐르는 미묘한 감정(과 생리적 반응)을 알아차리는 방법만 배우면, 원할 때마다 이 회로가 재가동하도록 스스로 훈련할 수 있다. 이제 평화로운 오른쪽 뇌의 의식에 접속하는 여러 방법을 여러분에게 소개해보겠다.

마음의 평화를 경험하려면 우선 내가 더 큰 구조물, 즉 나와 하나로 이어진 에너지와 분자들의 영원한 흐름의 일부라는 것을 기억해야 한다. 내가 거대한 우주의 일부임을 알면 마음이 편안해지고 지상의 삶이 천국처럼 다가온다. 내가 우주와 한 몸인데 어떻게 두려울 수 있겠는가?

왼쪽 뇌는 내가 목숨을 잃을 수 있는 연약한 개인이라고 생각한다.

오른쪽 뇌는 내 존재의 중심에 영원한 삶이 있다는 것을 안다. 언젠가 이런 세포들이 죽고 3차원 세상을 지각할 수 있는 능력이 사라지겠지만, 이것은 내 에너지가 고요한 희열의 바다로 다시 돌아가 흡수되는 것일 뿐이다. 이런 사실을 깨닫자 내가 이곳에 머물며 내 삶을 구성하는 세포들을 건강하게 유지하느라 노력했던 시간에 대해 고마운 마음이 들었다.

현재 순간에 머물려면 마음의 속도를 의식적으로 서서히 늦추어야 한다. 우선 급한 마음부터 버리자. 왼쪽 뇌는 서두르고 생각하고 계획하고 분석할지 모르지만, 오른쪽 뇌는 대단히 차분하다.

지금 여러분은 이 책을 읽는 것 말고 무엇을 하고 있는가? 독서 외에 다른 인지 회로를 가동시키고 있는가? 시계를 보거나 분주한 분위기의 장소에 앉아 있는가? 외부의 생각들을 인식하고 감사의 마음을 표한 뒤 잠시 조용히 해달라고 부탁하라. 사라지라는 게 아니라 몇 분만 옆으로 치워두는 것이다. 어디로 가지 않으니 안심하라. 이 야기꾼은 언제든 다시 불러내면 곧장 가동을 시작할 것이다.

인지적 사고에 접속하여 정신의 회로를 가동시키면, 엄밀히 말해 우리는 현재 순간에 있는 게 아니다. 이미 일어났거나 아직 일어나지 않은 사건에 대해 생각할 수도 있고, 몸은 지금 여기 있어도 마음은 다른 곳에 가 있기도 한다. 현재 순간을 느끼려면 다른 것으로 주의를 돌리게 하는 인지 회로로부터 벗어나야 한다.

가령 숨 쉬기에 대해 생각해보자. 이 책을 읽는 여러분은 아마도 편안한 상태로 앉아 있을 것이다. 숨을 깊이 들이마셔 보자. 공기가 가슴 가득 차고 배가 불룩해지는 것이 느껴질 것이다. 몸 안에서 어떤 일이 벌어지는가? 편안한 자세인가? 속이 편한가, 거북한가? 배가 고픈가? 방광은 어떤가? 입 안이 말랐는가? 세포들이 피곤한 상태인가, 아니면 생기 있는가? 목은 어떤가? 마음을 어지럽히는 생각들을 잠시 내려놓고 여러분의 상황을 관찰해보라. 어디에 앉아 있는가? 조명은 어떤가? 앉아 있는 곳이 편한가? 숨을 한 번, 또 한 번 깊이 들이마셔 보자. 몸을 최대한 편하게 해보자. 턱에 힘을 빼고 이마에 주름을 펴라. 이 순간 여러분이 살아 있는 혈기 왕성한 인간이라는 사실에 기뻐하라! 축하와 감사의 기운이 여러분의 마음에 가득 차오르게 하라.

평화로운 우뇌의 마음으로 가는 길을 좀더 쉽게 찾으려고 나는 내 몸이 어떻게 정보를 구성해서 체계로 만들고 기존의 회로를 이용하는지 살펴본다. 내 몸으로 흘러들어 가는 감각 정보에 주목하면 오른쪽 뇌로 들어가기가 수월하다. 여기서 멈추지 않고, 감각 정보의 밑바탕에 있는 생리적 경험에까지 접속해본다. 그리고 자신에게 묻는다.

'여기서 이러고 있으니까 기분이 어때?'

먹고 마시고 즐겁게 지내는 것은 현재 순간에 일어나는 일이다. 우리 입 안에는 다양한 유형의 감각 수용체들이 자리하고 있어서 여러 맛을 느끼고 독특한 질감과 다양한 온도를 지각할 수 있다. 음식들이 서로 어떻게 다른 맛을 내는지 면밀히 관찰해보자. 음식마다 다른 각각의 질감과 입 안에서 느껴지는 감촉에 주목하라. 어떤 음식이 장난스럽게 느껴지며 그 이유는 무엇인가? 나는 타피오카 푸딩을 입 안에 넣고 작은 젤라틴 덩어리를 찾는 것을 좋아한다. 스파게티의 질감도 갖고 놀기에 좋다. 하지만 내가 가장 좋아하는 놀이는 살짝 얼린 완두콩 터뜨리기와 감자 으깨기다! 어렸을 때 식탁에서 이런 행동을 하면 어머니가 야단을 쳤겠지만, 집에서 몰래 하면 상관없다. 음식으로 장난을 치는 동안 스트레스 주는 생각들이 마음속에서 싹 달아난다!

음식을 물리적으로만 소비할 게 아니라 우리의 몸과 마음에 미치는 생리적 영향도 고려해야 한다. 여기서는 음식의 영양가에 초점을 맞추기보다 음식을 먹었을 때 우리 몸이 어떤 기분을 느끼는지 주목해보려고 한다. 나는 설탕과 카페인을 섭취하면 몇 분 안에 피부가 가렵기 시작한다. 그 기분이 별로 좋지 않아 가급적 설탕과 카페인이 함유된 음식은 피한다. 트립토판이 들어간 음식(우유, 바나나, 칠면조)을 먹으면 뇌에서 신경전달 물질 세로토닌의 수치가 가파르게 올라가 차분해진다. 그래서 집중력을 높이고 마음을 가라앉히고 싶을 때면 이런 음식을 의도적으로 섭취한다.

일반적으로 탄수화물은 몸 안에 흡수되면 바로 당분으로 바뀌어 몸이 노곤하게 풀리고 머리가 잘 돌지 않는다. 게다가 나는 탄수화물이 당분·인슐린 반응을 촉진해서 이를 계속 갈망하게 만드는 것이 싫다. 단백질은 감정적으로 나를 자극하지 않으면서 기력을 채워줘서 좋다. 사람마다 음식에 대한 반응이 다를 수 있다. 중요한 건 균형 잡힌 식단이다. 하지만 우선적으로 여러분이 에너지를 어떻게 소모하는지, 음식이 어떤 기분을 주는지에 관심을 가져야 한다.

기분을 (좋게 혹은 나쁘게) 바꾸는 가장 쉬운 방법은 코에 자극을 주는 것이다. 극도로 예민한 사람에게는 현실 세계의 삶이 견디기 어려울 때가 있다. 이때 바닐라나 장미, 아몬드 향의 양초에 불을 붙이면 스트레스가 사라지고 기분이 좋아진다. 알 수 없는 냄새들이 여러분 옆을 떠돌 때 인지 회로에 접속해서 어떤 냄새인지 확인해보자. 기쁨이나 재미를 주는 정도를 가려 점수를 매기고, 서로 다른 냄새가 몸 안에 일으키는 생리적 반응을 느껴보자.

냄새 맡는 능력에 문제가 있다고 해도 담당 회로가 영영 망가지지 않은 한 민감도를 높일 방법이 있다. 주위의 냄새에 의식적으로 주목하면 거기에 가치를 두고 있다는 메시지가 뇌로 전달된다. 그러므로 후각을 강화하고 싶다면 여러 냄새를 맡고 여러분의 세포에게 말을 거는 데 더 많은 시간을 쏟아야 한다! 후각 능력을 강화하고 싶다는 여러분의 뜻을 전하는 것이다. 행동 패턴을 바꿔 냄새에 대해 더 많이 생각하고 냄새 맡는 행위에 마음을 집중하면, 그만큼 신경 연결이 강화되고 후각 능력이 향상될 수 있다.

시각으로 넘어가 보자. 기본적으로 눈을 사용하는 두 가지 방법이 있다. 잠시 고개를 들어 지금 여러분 앞에 있는 풍경을 바라보라. 무엇이 보이는가? 여러분의 오른쪽 뇌는 큰 그림을 잡는다. 모든 것이 서로 관계를 이루며 구성된 전체로서 풍경을 바라본다. 넓게 펼쳐진 공간을 관찰하며 세세한 것에는 주목하지 않는다. 이와 달리 여러분의 왼쪽 뇌는 개별적인 대상들의 윤곽에 주목하고 풍경을 이루는 세부 요소들을 파악한다.

산 정상에 올라 긴장을 풀고 앞을 바라보면, 오른쪽 뇌는 열린 조망의 장대함을 받아들인다. 웅장한 전체 장관이 몸으로 느껴지고, 우리가 사는 이곳이 얼마나 아름다운지 새삼 겸허한 마음이 든다. 왼쪽 뇌는 완전히 다르다. 특정한 유형의 나무들과 하늘의 색깔에 주목하고, 특정한 새소리를 분석한다. 구름의 유형을 구별하고, 나무들의 모습과 기온을 파악한다.

여기서 잠깐 독서를 멈추자. 눈을 감고 귀에 들리는 세 가지 소리를 확인해보라. 마음을 편안하게 가지고 지각을 넓혀보는 것이다. 자, 무엇이 들리는가? 저 먼 곳의 소리까지 유심히 들어보라. 내가 지금 앉아 있는 곳은 로키 산맥이 내다보이는 에스테스 파크 근처 로키리지 뮤직센터의 오두막이다. 창문 밖으로 콸콸거리는 시냇물 소리가 들려온다. 멀리서 나는 소리에 집중하자 아이들이 연습하는 악기 소리가 드문드문 들려온다. 주변의 소리로 관심을 돌리자 오두막 안에서 난방기가 돌아가는 소리가 들린다.

여러분이 좋아하는 음악을 분석하거나 판단하지 않고 듣는 것도 지금 여기에 몰입하는 좋은 방법이다. 소리에 감정과 몸을 다 맡겨보자. 리듬에 맞춰 몸을 이리저리 흔들거나 춤을 춰보자. 체면 차리지 말고 음악의 흐름에 몸을 맡기는 것이다.

소리의 부재도 얼마든지 아름다울 수 있다. 나는 욕조에 머리를 완전히 담그고 귀를 틀어막은 다음, 소리 없는 공간에 있기를 좋아한다. 또한 몸에서 나는 꾸르륵거리는 소리에 집중하고 세포들의 노고를 칭찬한다. 청각 자극이 지나치게 많으면 집중력을 잃기 쉽다는 것을 잘 알기에, 연구를 하거나 여행을 할 때면 귀마개를 사용한다.

우리의 감각기관 중에서 가장 크고 다양한 것은 피부이다. 뇌가 생각하고 감정을 느끼고 생리적 반응들을 연합시키는 여러 회로들을 가동하듯이, 피부도 특화된 자극을 감지하는 특화된 수용체들을 갖추고 있다. 다른 감각들과 마찬가지로 사람마다 촉각과 압력, 추위와 더위, 진동, 고통에 반응하는 정도가 다르다. 남들보다 감각에 더 빨리 적응하는 사람이 있다. 가령 대부분의 사람들은 옷을 입은 뒤에는 옷에 대해 더 이상 생각하지 않지만, 일부 사람들은 옷의 질감과 무게에 끝까지 신경을 쓴다. 나는 내 세포들이 기민하게 자극에 적응하는 능력을 주기적으로 칭찬해준다. 덕분에 계속 자극에 정신을 팔고 있지 않아도 되니 얼마나 다행인가.

여기서 또다시 독서를 멈춰보자. 이번에는 눈을 감고 지금 여러분의 피부로 감지되는 정보를 생각해보라. 기온은 얼마나 될까? 옷의 질감은 어떤가? 부드러운가 까칠한가, 가벼운가 무거운가? 반려동물이나 베개가 여러분 옆에 있는가? 피부에 대해 생각해보라. 손목에 찬 시계나 코에 걸린 안경이 느껴지는가? 어깨에 늘어진 머리카락은 어떤가?

치료의 관점에서 볼 때 감촉만큼 친밀한 것도 없다. 다른 사람의 손길, 털이 복슬복슬한 반려동물, 집에서 기르는 식물, 뭐든 상관없다. 서로 보듬는 행위가 우리 몸에 주는 혜택은 이루 말할 수 없이 크다. 샤워기에서 떨어지는 물방울의 감촉만으로도 지금 여기에 몰입할 수 있다. 욕조에 몸을 담그거나 수영장에서 놀 때 물방울이 피부에 닿으면 가벼운 압력과 온도로 기분 좋은 자극을 준다. 서로 다른 감각 회로가 자극될 때를 주의 깊게 살피는 훈련을 하면 자극 기능이 더 활성화된다.

심부 마사지도 여러 이유로 권할 만하다. 근육의 긴장을 풀어줄 뿐만 아니라 세포에 체액이 잘 돌게 한다. 여러분의 몸은 세포들이 영양분을 얻고 찌꺼기를 치우는 세상이다. 이런 세포들의 의욕을 향상시키는 자극은 무엇이든 열렬하게 추천한다.

감촉을 통해 지금 여기에 몰입하는 방법 가운데 내가 가장 좋아하는 것은 빗방울을 활용하는 것이다. 비 내리는 거리를 걸으면 다차원적으로 나를 자극할 수 있다. 얼굴에 떨어지는 빗방울이 오른쪽 뇌의 아름다움과 순수한 감정을 불러낸다. 그러면 온몸이 깨끗이 정화되는 듯한 기분이 나를 사로잡는다. 따사로운 햇빛이 얼굴에 내려앉거나 살랑거리는 바람이 뺨을 스치고 지나가기만 해도 행복감을 느낀다. 바닷가에 서서 두 팔을 활짝 펼치고 바람을 맞으면 기분이 그렇게 좋을 수가 없다. 그때의 냄새와 소리, 맛, 기분을 떠올리면 당장이라도 행복해진다.

사물의 모양, 소리, 맛, 냄새, 피부에 닿았을 때의 감촉, 몸에 불러일으킨 생리적 반응에 주목할수록 그만큼 우리의 뇌는 그 자극의 순간을 쉽게 재현할 수 있다. 원치 않는 사고 패턴을 다른 생생한 이미지로 대체하면 의식을 마음의 깊은 평화로 되돌릴 수 있다. 경험을 재구성할 때 감각은 큰 도움이 된다. 나는 생리적 반응을 기억하는 것이 생생한 경험을 재현해내는 진정한 힘이라 생각한다.

감각 자극을 활용하여 마음의 평화를 이끌어내는 방법을 소개하는 이 대목에서 에너지 역학과 직관이라는 주제를 다루지 않고 마무리할 수는 없다. 우뇌가 예민한 사람들이라면 지금 내가 무슨 말을 하려는지 이해할 것이다. 아울러 나는 냄새를 맡거나 맛을 보거나 듣거나 보거나 만지지 못한다면, 즉 감각적으로 확인할 수 없으면, 존재여부를 의심하는 사람들이 많다는 것을 잘 안다. 우리의 오른쪽 뇌는 왼쪽 뇌의 능력이 미치지 못하는 곳의 에너지를 감지할 수 있다. 원래 그렇게 설계된 것이다. 행여 에너지 역학이니 직관이니 하는 말이 불편하게 들리더라도, 양측 반구가 단일한 현실 지각을 만들어내기 위해 협력하는 방식에 근본적인 차이가 있음을 이해한다면, 이런 불편함이 줄지 않을까 생각한다.

우리가 생물학적으로 에너지를 지각하여 신경 코드로 전환시킬 수 있는 존재임을 기억한다면, 각자가 가진 에너지 역학과 직관을 이해하는 데 도움이 될지도 모르겠다. 여러분은 방 안에 처음 들어설 때 분위기를 감지할 수 있는가? 한 순간 만족스러웠다가 다음 순간 공포에 질리는 경험은 왜 그런 것일까? 우뇌는 이런 미묘한 에너지 역학을 직관적으로 감지하고 해석하도록 만들어졌다.

뇌졸중 이후로 나는 사람들과 장소, 사물이 내게 보내는 에너지에 주목하면서 거의 모든 삶을 꾸려갔다. 오른쪽 뇌의 직관적인 지혜를 듣기 위해서는 왼쪽 뇌의 속도를 늦춰 재잘거리는 이야기꾼의 흐름에 휩쓸리지 않아야 했다. 내가 왜 어떤 사람이나 어떤 상황에는 마음이 끌리는데 다른 사람이나 상황에는 저항감을 느끼는지 파악하려 하지 않는다. 그저 내 몸이 하는 말에 귀 기울이고 본능을 무조건 믿을 뿐이다.

동시에 내 오른쪽 뇌는 원인이 있으면 결과가 있다는 것을 전폭적으로 지지한다. 모든 것이 서로에게 영향을 주고받는 에너지 세상에서 오른쪽 뇌의 통찰을 무시하는 것은 철없는 행동이다. 가령 화살을 쏜다면 과녁의 흑점에만 집중하는 것이 아니라, 화살 끝과 과녁 중앙 사이의 경로를 마음속으로 따라간다. 화살을 뒤로 잡아당길 때 근육이 행사하는 정확한 힘의 양을 생각하고, 최종 산물의 결정성이 아니라 과정의 유동성에 집중한다. 나는 지각을 넓혀 경험을 떠올릴 때 정확도가 높아진다는 사실을 발견했다. 여러분이 스포츠 활동을 하고 있는 중이라면, 목표물과 관련하여 스스로를 어떻게 바라볼 것인지 선택할 수 있다. 스스로를 별도의 존재로 바라보면서 자신과 목표물을 각각 A와 Z라는 지점에 따로 둘 수도 있고, 목표물과 하나로 동일시해서 모든 원자, 분자와 어울려 흐름을 이루고 있다고 생각할 수도 있다.

오른쪽 뇌는 큰 그림을 본다. 우리 주위와 사이, 그리고 우리 안의 모든 것이 에너지 입자들로 구성되어 함께 우주라는 직물을 엮어간다고 인식한다. 모든 것이 연결되어 있고 내 주위와 내부의 원자적 공간과 여러분 주위와 내부의 원자적 공간 사이에는 친밀한 관계가 형성되어 있음을 안다. 우리가 어디에 있든 말이다. 내가 여러분을 생각하거나 여러분에게 좋은 기운을 보내거나 여러분을 빛으로 비추거나 여러분을 위해 기도하면, 내가 가진 에너지를 보내는 것이다. 여러분을 위해 명상하거나 여러분의 상처에 손을 올리면, 내 존재의 에너지를 여러분의 치유를 위해 쓰는 것이다. 기 치료, 풍수지리, 침술, 기도 같은 것이 어떻게 작용하는지는 의학적으로 여전히 풀리지 않은 수수께끼다. 그것은 우리의 왼쪽 뇌와 과학이 우뇌의 기능을 아직 제대로 따라잡지 못했기 때문이다. 하지만 나는 우리의 오른쪽 뇌가 에너지 역학을 직관적으로 파악하고 해석하는 방법을 완벽하게 알고 있다고 믿는다.

이제 감각계라는 주제에서 벗어나 운동계로 눈을 돌려 우리의 의식을 고양시키는 방법에 대해 이야기해보자. 습관적으로 긴장되는 근육을 의식적으로 풀어주면 꽉 막힌 에너지가 트이고 기분이 더 좋아진다. 나는 항상 이마의 근육을 긴장시키기 때문에 밤에 잠이 오지 않으면 의식적으로 턱에 힘을 빼고 잠을 청한다. 근육의 상태를 생각하는 것은 마음을 지금 여기로 몰입시켜주는 좋은 방법이다. 근육을 체계적으로 조였다가 풀어주면 우뇌의 의식으로 들어가는 데 도움이 된다.

많은 사람들이 의식을 바꾸려고 운동을 활용한다. 요가, 펠든크라이스, 태극권은 자기 계발, 휴식과 성장에 도움이 되는 훌륭한 도구들이다. 비경쟁적 스포츠도 왼쪽 뇌에서 벗어나는 좋은 방법이다. 자연 속을 걷거나 노래하거나 음악을 연주하거나 예술에 집중하면 여러분의 관점을 지금 여기로 몰입시킬 수 있다.

왼쪽의 인지적 뇌가 정신없이 돌아가는 가운데 초점을 바꿀 수 있는 또 다른 통로는 우리의 목소리를 이용하여 짜증나거나 번잡한 사고 패턴의 회로를 방해하는 것이다. 나는 만트라('마음을 쉴 수 있는 장소'라는 뜻) 주문 같은 반복적인 소리 패턴을 활용해서 많은 도움을 받았다. 숨을 깊이 내쉬며 '이 순간 나는 기쁨을 원한다', '이 순간 나는 완전하고 충만하고 아름답다', '나는 우주의 순수하고 평화로운 자식이다' 같은 문구를 반복하면 오른쪽 뇌의 의식으로 돌아갈 수 있다.

명상도 원치 않는 인지 회로에서 벗어나는 좋은 방법이 된다. 원치 않는 사고 패턴을 원하는 사고 패턴으로 바꾸려는 목적을 띤 기도 또한 다람쥐 쳇바퀴 같은 언어 반복에서 벗어나 좀더 평화로운 장소로 마음을 돌리는 방법이다.

나는 소리 접시에 맞춰 노래하는 것을 아주 좋아한다. 소리 접시는 석영 크리스털로 만든 커다란 접시에 현을 맨 악기로, 현을 퉁기면 접시가 강력하게 공명해서 뼛속까지 진동이 파고든다. 소리 접시가 울릴 때면 근심 걱정이 멀리 달아나는 듯한 기분이 든다.

나는 삶에서 중요하다고 믿는 것에 집중하기 위해 '천사 카드angel card'를 자주 뽑는다. 카드에는 열정, 풍부함, 교육, 명석, 진실, 유희, 자유, 책임감, 조화, 은혜, 탄생이라는 단어가 각각 적혀 있다. 매일 아침 일어나면 제일 먼저 의식을 치르듯 카드를 뽑고, 하루 종일 그 특별한 단어를 마음속에 담아둔다. 스트레스를 받거나 중요한 전화 통화를 앞두고 있을 때는 기분을 바꾸기 위해 다른 카드를 뽑는다. 나는 우주가 내게 주는 것을 열린 마음으로 기꺼이 받아들이려고 애 쓴다.

오른쪽 뇌의 행위를 가장 잘 표현하는 단어를 하나 고르라고 한다 면 나는 '공감'을 꼽고 싶다. 여러분 각자 공감이 무슨 의미인지 생각 해보자. 여러분은 어떤 상황에서 공감을 느끼며, 그때 여러분은 어떤 기분이 드는가?

일반적으로 대부분의 사람은 자신과 동등하다고 여기는 사람에게 공감의 감정을 느낀다. 자신이 우월하다는 의식에 덜 사로잡힐수록 남들에게 너그러워질 수 있다. 공감한다는 것은 다른 사람이 처한 상 황을 판단하지 않고 사랑으로 대한다는 뜻이다. 공감하는 사람은 부 랑자나 정신이상자를 보고도 두려움, 역겨움, 공격성이 아니라 열린 마음으로 대한다. 여러분이 공감의 감정을 가지고 누군가를 진심으 로 대했던 가장 최근의 일을 생각해보자. 그때 어떤 기분이 들었는가? 공감은 개방적인 의식과 기꺼이 도와주려는 마음을 가지고 지금 여기로 몰입하는 일이다.

우뇌의 감정을 가장 잘 표현하는 단어를 하나 골라야 한다면 '기쁨'을 선택하고 싶다. 내 오른쪽 뇌는 내가 살아 있다는 사실에 흥분한다! 내 개별적 자아가 세상을 헤쳐나가 긍정적으로 변화하면서 동시에 우주와 하나가 될 수 있다고 생각하면 경외심이 든다.

여러분이 기쁨을 경험하는 능력을 잃어버렸다 해도 회로는 아직 그대로 있으니 염려하지 말라. 불안이나 걱정을 담당하는 회로가 이를 억제하고 있을 뿐이다. 여러분도 내가 그랬듯이 감정의 짐을 벗어던지고 자연스러운 기쁨의 상태로 돌아갈 수 있으면 얼마나 좋을까! 평화로운 상태에 접속하는 비결 가운데 하나는 생각, 걱정, 사념의 인지 회로를 자발적으로 끊고, 지금 여기에 존재하는 감각 경험에 집중하는 것이다. 하지만 더 중요한 것은 평화를 바라는 우리의 바람이 고통과 자아에 대한 집착이나 정상적이어야 한다는 강박보다 강해야 한다는 사실이다. 내가 좋아하는 옛말에 이런 것이 있다.

'옳고 싶은가, 아니면 행복해지고 싶은가?'

나는 행복의 기운이 내 몸 안에 차오르는 것을 정말 좋아하기 때문에 정기적으로 그 회로에 접속하고자 한다. 가끔 이런 의문이 든다.

'만약 그게 선택이라면 왜 다른 사람들은 행복이 아닌 다른 것을 선택하지?'

추측하건대 많은 사람들은 자신에게 선택권이 있다는 것을 모르는 것 같다. 나도 뇌졸중을 겪기 전에는 내 몸에 차오르는 감정에 대한 반응을 스스로 결정할 수 없다고 생각했다. 인지적 사고를 모니터하고 바꿀 수 있다는 것은 알았지만, 내 감정을 지각할 때 내가 발언권을 행사할 수 있다고는 상상도 못했다. 생화학 물질이 나를 사로잡았다가 풀어주는 데 90초밖에 걸리지 않는다는 사실도 몰랐다. 이런 각성이 내가 뇌졸중 이후의 삶을 살아가는 데 엄청난 차이를 만들었다.

많은 사람들이 행복을 선택하지 않는 또 다른 이유는 분노, 질투, 좌절 같은 강렬한 부정적 감정을 느낄 때 뇌에서 복잡한 회로가 적극적으로 돌아가는데, 그 느낌이 너무도 친숙하고 마치 우리가 강한 사람이 된 듯 느껴지는 데에 있다.

습관적으로 분노 회로를 가동하는 것만큼이나 행복 회로를 가동하는 것도 쉬운 일이다. 사실 생물학적 관점에서 보자면 행복은 오른쪽 뇌의 자연스러운 존재 양태이다. 따라서 이 회로는 항상 돌아가고 있고 우리는 언제든 여기에 접속할 수 있다. 반면 분노 회로는 항상 돌아가지 않으며 우리가 위협을 느낄 때 활성화된다. 이 생리적 반응이 혈류에서 빠져나가면 곧바로 다시 기쁨을 느낄 수 있다.

궁극적으로 우리가 경험하는 모든 것은 우리의 세포와 회로가 만들어낸 산물이다. 서로 다른 회로가 몸 안에서 가동될 때 어떤 느낌이 드는지 파악하고 나면, 여러분은 세상에서 어떤 존재로 살고 싶은지 선택할 수 있다. 공포와 불안이 내 몸 안에 불러일으키는 느낌은 정말 질색이다. 이런 감정이 나를 덮치면 소름 끼칠 만큼 불편하다. 생리적으로 이런 느낌을 싫어하기 때문에 이런 회로에 정기적으로 접속할 생각이 전혀 없다.

내 마음에 드는 공포의 정의는 '진짜처럼 보이는 그릇된 예상'이다.

모든 생각이 그저 스쳐가는 생리적 현상에 불과하다는 것을 스스로에게 상기시키면, 내 이야기꾼이 흥분하여 공포 회로를 가동할 때 덜 흔들리게 된다. 그리고 내가 우주와 하나임을 기억하면 공포는 힘을 잃는다. 공포 · 분노 반응의 힘을 약화시키기 위해 되도록 공포 영화는 보지 않으며, 걸핏하면 분노 회로를 가동하는 사람들과 어울리지 않는다. 나의 회로에 긍정적인 영향을 주는 선택만 한다. 유쾌한 기분을 좋아하므로 나의 기쁨에 응해주는 사람들과 어울린다.

앞서 말했듯이 신체의 고통은 우리 몸 어딘가에 조직이 손상되었음을 뇌에 알려줘서 경계하도록 하기 위해 만들어진 생리 현상이다. 우리는 고통의 감정 회로에 접속하지 않고도 신체 고통을 느낄 수 있다는 것을 깨달아야 한다. 나는 아이들이 몹시 아플 때 얼마나 용감해지는지 잘 안다. 부모들은 고통과 공포라는 감정 회로에 시달리지만, 아이들은 부모 같은 부정적 감정을 겪지 않고도 꿋꿋하게 병에 적응한다. 고통을 몸으로 겪는 것은 선택이 아니겠지만, 고통스러워하는 것은 인지적 결정이기 때문이다. 아픈 아이들은 자신의 병을 견디는 것보다 부모가 슬퍼하는 광경을 보는 것이 더 힘들 때가 많다.

아픈 사람이 누구든 마찬가지다. 몸이 불편한 사람을 방문할 때는 여러분이 어떤 회로를 자극하는지 살피고 조심해야 한다. 죽음은 우리 모두 피할 수 없는 자연스러운 과정이다. 여러분의 오른쪽 뇌 깊은 곳에 영원한 평화가 있다는 것을 깨닫기 바란다. 몸을 낮추고 평화로운 은혜의 상태로 돌아가는 가장 쉬운 방법은 고마워하는 마음을 갖는 것이다. 매사에 고마워하면 당신의 삶은 정말 멋질 것이다!

열여덟.

마음의 정원 가꾸기

뇌졸중 경험으로 너무도 많은 것을 배운 나는 이런 여행을 하게 되어서 정말 행운이라는 생각마저 든다. 뇌의 출혈 덕분에, 그러지 않았다면 결코 깨닫지 못했을 뇌에 대한 많은 것들을 직접 목격할 수 있는 기회를 얻지 않았는가. 이렇게 얻은 통찰과 지혜에 항상 고마워할 것이다.

이 여행에 기꺼이 함께해준 독자 여러분에게도 고맙다는 말을 전한다. 어떤 계기로 이 책을 접했든 계속해서 자신 혹은 다른 사람의 뇌에 대한 통찰을 하나하나 모아가기를 진심으로 바란다.

나는 이메일을 보낼 때 마지막에 항상 아인슈타인의 인용구를 적어 넣는다.

내가 바라는 사람이 되려면 현재의 내 모습을 기꺼이 포기해야 한다.

진실을 포착한 말이라고 생각한다. 나는 세상에서 내가 이렇게 존재하는 것이 전적으로 내 신경 회로의 연결 덕분이라는 것을 어렵사리 배웠다.

내가 경험하는 것은 내 몸을 구성하는 크고 아름다운 세포들과 신경 회로들이 내가 마음이라 부르는 망을 함께 짜면서 만들어낸 자각이다. 서로 정보를 주고받으며 연결을 바꾸는 신경세포들의 가소성 덕분에 여러분과 나는 이 땅에서 유연하게 사고하고 환경에 적응하며 어떻게 살아야 할지 선택할 수 있다. 다행히도 오늘 우리가 어떤 모습으로 살아갈지는 어제의 모습에 따라 결정되지 않는다.

나는 내 마음속의 정원이 살아 있는 동안 열심히 가꾸라고 우주가 내게 맡긴 신성한 텃밭이라고 생각한다. 나는 독립적인 행동을 하는 인간으로서 내가 물려받은 DNA 유전자, 내가 살아가는 환경과 잘 협력하여 내 두개골 안에 자리하고 있는 이곳을 아름답게 가꿔갈 것이다. 애초에 나는 작은 씨앗과도 같은 존재였지만 다행히도 우리가 지닌 DNA는 독재자가 아니다. 뉴런의 가소성과 사고의 힘, 그리고 현대 의학 기술 덕분에 얼마든지 멋진 결과를 이끌어낼 수 있다.

나는 어떤 정원이라도 책임감을 갖고 열심히 가꾼다. 내가 가꾸고 싶은 회로는 적극적으로 육성하고, 없애고 싶은 회로는 의식적으로 가지치기를 한다. 잡초는 싹이 올라올 때 제거하면 수월하지만, 행여 혹이 많은 덩굴로 자라더라도 결단력과 인내심을 갖고 영양분 공급을 끊으면, 결국에는 힘을 잃고 쓰러진다.

우리 사회의 정신적 건강은 구성원이 얼마나 건강한가에 달려 있다. 고백하건대 서구 문명은 사랑과 평화로 충만한 우뇌의 성격으로 살아가기에는 힘겨운 환경이다. 불법 약물과 술에 의지하며 공통된 현실에서 벗어나려고 애쓰는 우리 사회의 수많은 영혼들을 보면, 나만의 생각이라고 할 수는 없을 것이다.

세상에 변화를 가져오고 싶다면 스스로 변해야 한다.

간디의 말이 맞다. 내 우뇌의 의식은 우리가 인류를 위해 거대한 발걸음을 또 한 번 내디뎌 오른쪽으로 넘어가 주기를 간절히 바라고 있다. 그래서 이 땅을 우리가 열망하는 평화롭고 사랑스러운 곳으로 만들어갈 수 있도록 말이다.

여러분의 몸은 50조 개의 분자적 지성으로 이루어진 생명체이다. 세상에서 어떤 존재로 살고 싶은지 순간순간 선택하는 것은 바로 여러분 자신이다.

나는 여러분의 뇌에서 벌어지고 있는 일에 주목하라고 말하고 싶다. 자신만의 힘을 기르고 자신의 삶을 살아가자. 활기차고 아름답게!

My Stroke of Insight

—— 3부. 우리는 뇌에 관해 알아야 합니다

열아홉.

뇌졸중에 걸리는 이유

사람들이 서로 소통하려면 어느 정도 일반적이고 현실적인 정보를 공유하고 있어야 한다. 각자 가지고 있는 신경계가 외부 세계에서 들어오는 정보를 받아들이고 처리하고 통합시키는 능력이 사실상 동일해야 한다는 말이다. 또한 생각이나 언어, 행동으로 드러내는 체계도 비슷해야 한다.

생명의 탄생은 가장 놀라운 사건이라고 할 수 있다. 단세포 생명체의 출현으로 분자 수준에서 정보를 처리하는 시대가 열린 것이다. 원자와 분자가 DNA와 RNA(DNA와 함께 유전정보의 전달에 관여하는 핵산의 일종) 배열로 조직화됨으로써, 외부의 정보는 입력되고 암호화되고 나중에 이용할 수 있도록 저장된다. 그 순간순간의 변화는 흔적으로 남는데, 이런 순간들을 순차적으로 이어붙여 공통의 줄기를 만들면, 세포가 시간의 흐름에 따라 어떻게 진화해왔는지 알 수 있다.

세포들은 오래전에 서로 어울리고 함께 작용하는 방법을 알아냈다. 덕분에 오늘날의 여러분과 내가 있는 것이다.

『아메리칸 헤리티지 사전American Heritage Dictionary』에 따르면 생물학적으로 본 진화란 '원시적 형태에서 좀더 조직된 형태로 발전한다'라는 뜻이다. DNA라는 분자 단위의 뇌는 위력적이고 성공적인 유전 프로그램이다. 거듭되는 변화에 적응하는 것은 물론, 기회의 이점을 예측하고 판단하고 이용해서 스스로를 더 발전한 존재로 바꿀 줄 알기 때문이다. 흥미롭게도 우리 인간의 유전자 코드는 지구상의 다른 생명체들과 똑같이 네 개의 뉴클레오티드Nucleotide, 복합 분자로만 구성되어 있다. DNA로만 보자면 우리는 조류, 파충류, 양서류, 포유류, 심지어 식물과도 친척 관계에 있다. 순전히 생물학적 관점에서 인간이라는 존재는 생명의 유전적 가능성이 인간종에 맞게 변이된 것일 뿐이다.

인간의 생명이 생물학적으로 완벽하다고 생각하고 싶겠지만, 사실 우리는 정교한 설계에도 불구하고 완결된(혹은 완벽한) 유전자 코드를 가진 존재가 아니다. 인간의 뇌는 계속해서 변화하는 중이다. 2천 년 혹은 더 먼 4천 년 전 선조들의 뇌는 현재 우리의 뇌와 상당히 달랐다. 언어의 발달이 우리 뇌의 해부학적 구조와 세포 연결망을 변화시킨 것이다.

우리 몸을 구성하는 여러 유형의 세포들은 대부분 몇 주 혹은 몇 달을 주기로 죽고 새로운 세포로 대체된다. 하지만 신경계를 구성하는 세포인 뉴런의 수는 (대개의 경우) 우리가 태어난 뒤로 늘어나지 않는다. 이 말은 지금 여러분의 뇌에 있는 대부분의 뉴런이 여러분과 같은 나이라는 뜻이다. 이렇게 긴 뉴런의 수명 때문에 우리가 서른 살이든 일흔일곱 살이든 마음속으로는 열 살 때와 같은 기분을 느끼는지도 모른다. 물론 뇌에 자리 잡은 세포가 이렇게 동일하다 해도, 시간이 지나면 우리의 경험에 따라 그 연결 구조는 달라진다.

인간의 신경계는 1조 개가 넘는 어마어마한 세포들로 구성되어 있으며, 활발하게 움직이는 독립체로 존재한다. 1조가 얼마나 엄청난 수인지 실감하려면, 현재 지구상에 살고 있는 60억 명의 인구가 저마다 166명의 자손을 가진다고 상상해보면 된다. 그 전체 숫자가 단 하나의 신경계를 구성하는 세포의 수와 같다!

물론 우리 몸은 신경계만으로 이루어져 있는 것이 아니다. 일반적인 어른의 몸은 대략 50조 개의 세포들로 구성된다. 지구상에 존재하는 60억 인구의 8,333배이다! 놀라운 사실은 골세포, 근육세포, 결합조직세포와 감각세포 등으로 조합된 방대한 집합체가 서로 힘을 합쳐서 완벽한 건강 상태를 이루려 노력한다는 점이다.

생물의 진화는 일반적으로 복잡해지는 방향으로 나아간다. 자연은 새로운 종을 창조할 때 전체 틀을 새로 만들지 않고 기존의 것을 활용하여 효율성을 높인다. 생물의 생존에 기여하는 유전자 코드 패턴을 확인하고 나면, 자연은 그 특정 종에 맞게 형태를 변화시키려는 경향을 보인다. 가령 꿀을 옮기게 하는 꽃이라든가 피를 돌게 하는 심장, 체온조절을 돕는 땀샘, 시각기관인 안구 등이 그렇다. 이미 잘 자리 잡은 프로그램에 새 프로그램을 더함으로써, 새로운 종은 시간을 견뎌낸 DNA 배열이라는 든든한 기반을 확보하게 된다. 이런 식으로 자연은 옛 생명체가 자손에게 넘겨준 경험과 지혜를 손쉽게 전

파한다.

무리없이 작동하는 것에 새로운 것을 추가하는 방식의 유전 설계 전략은 유전자 배열을 약간만 바꾸어도 대단한 진화의 성과를 만들어낼 수 있다는 장점도 있다. 믿기 어렵겠지만 과학적 증거에 따르면, 우리 인간의 유전자 프로파일에서 DNA 염기 서열의 99.4퍼센트가 침팬지와 동일한 것으로 밝혀졌다.

물론 그렇다고 해서 인간이 나무를 자유롭게 오르내리는 유인원의 직계 자손이라는 뜻은 아니다. 인간이 지닌 분자 코드의 천재성은 까마득히 오랜 세월 동안 이어져 온, 진화를 향한 자연의 위대한 노력의 결과임이 분명하다. 인간의 유전자 코드는 적어도 제멋대로 우연히 이루어진 게 아니라, 자연이 유전적으로 완벽한 몸을 추구하는 과정 중에 만들어진 것으로 보는 게 타당하다.

인간이라는 종에 속하는 여러분들과 나는 유전자 염기 서열에서 0.01퍼센트를 제외한 모든 것을 공유한다. 그러니까 생물학적으로 볼 때 여러분과 나는 사실상 서로 동일한 셈이다(99.99퍼센트). 결국 0.01퍼센트가 우리의 외양과 생각과 행동의 중요한 차이를 만들고, 인류의 다양함을 가져왔다고 할 수 있다.

우리 인간을 다른 포유류들과 구별시켜주는 뇌 부위는 꼬불꼬불한 물결 모양으로 말린 바깥쪽의 대뇌피질이다. 다른 포유류도 대뇌피질이 있지만, 인간의 대뇌피질은 대략 두 배 정도 두껍고 기능도 두 배인 것으로 알려져 있다. 대뇌피질은 좌반구와 우반구로 나뉘며 기능 면에서 서로를 보충한다.

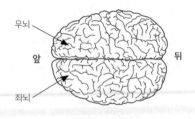

우뇌

앞
뒤

좌뇌

인간의 대뇌피질

양측 반구는 뇌량이라고 하는 고속도로를 통해 서로 정보를 주고받는다. 각각의 반구가 처리하는 정보 유형이 다르지만 서로 연결되어 함께 작용하므로 우리는 세상을 끊김 없이 단일하게 지각할 수 있다.

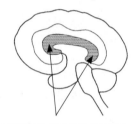

뇌량(정보 전달을 위한 고속도로)

대뇌피질이 얼마나 섬세하게 배선되어 있는지 해부 현미경을 통해 들여다보면, 변형은 예외가 아니라 규칙이라는 걸 알게 된다. 이런 변형이 저마다 다른 기호와 개성을 만들어낸다. 하지만 육안으로 보면 우리의 뇌는 서로 거의 비슷하다. 대뇌피질의 튀어나온 부분_{이랑}과 그 사이의 홈_{고랑}이 명확한 구조를 이루고 있다. 우리의 뇌는 외양과 구조와 기능에 있어서 동일하다. 예컨대 모든 대뇌반구에는 상측두이랑, 중심전이랑, 중심후이랑, 상두정이랑, 그리고 뒤쪽으로 외측

후두이랑이 있다. 각각의 이랑은 특정한 연결 구조와 기능을 지닌 특정 세포 집단으로 구성되어 있다.

예를 들어 중심후이랑의 세포들은 감각 자극을 자각하게 하며, 중심전이랑의 세포들은 우리의 신체 각 부위를 자발적으로 움직이는 능력을 조정한다. 양측 반구의 피질 내부의 여러 세포 집단 사이에서 정보가 지나가는 주요 경로섬유로 또한 일관된 형태를 보인다. 그래서 우리는 생각이나 느낌도 일반적으로 어느 정도까지는 공유할 수 있다.

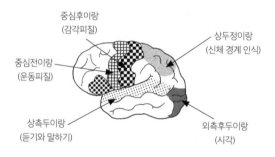

중심후이랑
(감각피질)

상두정이랑
(신체 경계 인식)

중심전이랑
(운동피질)

상측두이랑
(듣기와 말하기)

외측후두이랑
(시각)

대뇌반구에 영양분을 전달하는 혈관도 명확한 패턴을 보인다. 전대뇌동맥, 중대뇌동맥, 후대뇌동맥이 각기 대뇌반구의 특정 부위를 맡아 혈액을 공급한다. 따라서 동맥의 특정 부분에 손상이 가면 어떤 인지 기능이 심각한 장애를 입거나 완전히 망가지는지 대략 예측할 수 있다. (물론 좌뇌에 손상을 입느냐 우뇌에 손상을 입느냐에 따라 큰 차이가 있다.) 다음 그림은 나의 좌뇌 중대뇌동맥 영역인데 뇌졸중이 일어났던 부위이기도 하다. 중대뇌동맥의 주요 부분이 손상을 입으면 어떤 징후가 나타날지 대략 예측할 수 있다.

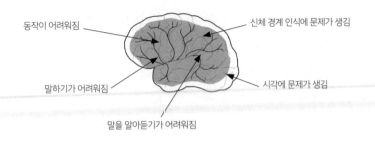

동작이 어려워짐

신체 경계 인식에 문제가 생김

말하기가 어려워짐

시각에 문제가 생김

말을 알아듣기가 어려워짐

중대뇌동맥 영역과 주요 가지

뇌의 표면에 해당하는 피질 바깥층은 뉴런으로 가득한데, 이것은 인간에게만 존재한다. 가장 최근에 '더해진' 이 뉴런 덕분에 논리적으로 차근차근 사고할 수 있는 능력이 생겨났다. 복잡한 언어를 구사한다든가 수학처럼 추상적·상징적 체계로 사고하는 것이 뉴런의 회로 덕분에 가능해진 것이다. 대뇌피질의 깊은 안쪽에는 변연계가 있는데, 이를 구성하는 세포들은 다른 포유류들도 지니고 있다.

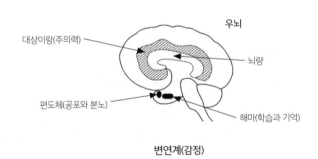

우뇌

대상이랑(주의력)

뇌량

편도체(공포와 분노)

해마(학습과 기억)

변연계(감정)

변연계는 감각기관을 통해 들어오는 정보에 감정을 싣는 역할을 한다. 다른 생물들도 이 구조물을 지니고 있기 때문에 변연계를 가리켜 '포유류의 뇌' 혹은 '감정의 뇌'라고 부른다. 우리가 갓난아이일 때

이 세포들이 감각 자극에 반응하면서 배선이 이루어진다. 변연계가 평생 동안 기능은 하지만 성숙해지지 않는다는 것은 흥미로운 사실이다. 그래서 감정 '버튼'이 눌릴 때 자극에 반응하는 능력은 성인이 되어서도 두 살 때와 같다.

고차원적인 피질세포가 성숙하여 다른 뉴런들과 복잡한 연결망을 형성함에 따라 우리는 현재에 대한 '새로운 그림'을 얻을 수 있다. 새로 들어온 정보를 변연계의 자동 반응과 비교하면서, 현재 상황을 재평가하고 좀더 분별 있는 반응을 하게 된다.

흥미롭게도 오늘날 초등학교에서 고등학교까지 사용되는 '뇌 기반 학습' 방법은 신경과학자들이 밝혀낸 변연계 기능을 활용하고 있다. 이런 학습 방법을 통해 우리는 교실을 안전하고 친숙한 환경으로 바꾸려 한다. 뇌의 공포 · 분노 반응(편도체)이 유발되지 않는 환경을 만들려는 것이다. 편도체의 일차적 임무는 바로 지금 이 순간 감각에 들어오는 정보들을 샅샅이 살펴서 얼마나 안전한지 판단하는 것이다. 한편 변연계의 대상이랑은 뇌의 주의력을 집중시키는 일을 한다.

들어오는 자극이 친숙한 것으로 판단되면 편도체는 잠잠해지고, 그 옆에 있는 해마가 새로운 정보를 학습하고 기억한다. 반면 낯설고 위협적인 자극이 편도체를 교란시키면, 뇌의 불안 수치가 올라가고 의식은 당면한 상황에 집중하게 된다. 이때의 주의력은 자기 보호 행동을 취하는 쪽으로 초점을 맞춘다.

감각계를 통해 감각 정보가 들어오면 변연계는 이를 바로바로 처리한다. 그래서 메시지가 고차원적인 사고를 담당하는 대뇌피질에 도달할 즈음에는 우리가 그 자극을 어떻게 바라볼지 (고통일까, 즐거움일까?) 알려주는 '감정'이 실린 상태다. 많은 사람들이 스스로를 '생각이 느낌보다 앞서는 존재'로 여기고 싶겠지만, 생물학적으로 볼 때 우리는 '느낌이 생각보다 앞서는 존재'이다.

'느낌'이라는 말은 포괄적인 개념이다. 그러므로 각각의 감정들이 우리 뇌의 어느 부분에서 발생하는지 명확하게 짚고 넘어가자. 먼저 우리가 느끼는 슬픔이나 기쁨, 분노, 좌절, 흥분의 감정은 변연계의 세포들이 만들어내는 것이다. 둘째, 여러분이 손 안에 있는 뭔가를 느낀다는 것은 접촉을 통한 감촉이거나 근운동 경험을 한다는 말이다. 이런 유형의 느낌은 촉각계를 통해 일어나며 대뇌피질의 중심후이랑이 관여한다. 마지막으로 뭔가에 대해 직감이 올 때가 있다. 이런 통찰력 있는 자각은 우뇌 대뇌피질에서 일어나는 고차원적인 인지 작용이다.

우리 몸을 정보 처리 기계로 보자면, 외부 세계에 대한 자료 처리는 감각을 지각하는 데에서 시작한다. 대부분의 사람들은 거의 눈치채지 못하지만, 우리의 감각 수용체는 에너지 수준에서 정보를 감지하게끔 설계되었다. 주위의 모든 것, 가령 숨 쉬는 공기나 건축 자재들도 회전하고 진동하는 원자 입자들로 구성되어 있다. 따라서 우리는 말 그대로 전자 자기장들로 넘실거리는 격동의 바다를 헤엄치고 다니는 셈이다. 물론 우리도 그 바다의 일부다. 우리는 그 안에 둘러싸여 있고 감각기관을 통해 그것이 무엇인지 경험한다.

각각의 감각계는 복잡한 단계의 반응을 일으키는 뉴런들로 구성되어 있다. 이 뉴런들이 수용체로 들어오는 신경 코드를 처리해 뇌의 해당 영역으로 보낸다. 각각의 세포 집단은 코드를 변화시키거나 발전시켜 다음 단계의 세포 집단에 넘기는데, 이런 과정을 통해 메시지는 점차 명료하게 다듬어진다. 코드가 뇌의 가장 바깥쪽에 있는 고차원적 수준의 대뇌피질에 도달할 즈음 우리는 자극을 의식하게 된다. 하지만 그 경로에 있는 세포 중 어느 하나라도 정상적으로 기능하지 못하면, 우리에게 도달하는 최종 지각은 현실과 다른 왜곡된 모습을 띤다.

세상을 바라볼 때 우리 시야에 들어오는 것은 수십억 개의 작은 점, 다시 말해 화소로 구성되어 있다. 각각의 화소는 진동 상태의 원자와 분자들로 가득하다. 우리 눈 뒤쪽에 있는 망막세포가 이런 입자들의 움직임을 감지한다. 입자들은 진동수에 따라 서로 다른 에너지 파장을 내보내고, 뇌의 후두부에 위치한 시각피질에 의해 서로 다른 색채로 인식된다. 시각적 이미지란 우리의 뇌가 화소들을 집단으로 묶어 테두리를 만들어내기 때문에 생기는 것이다. 서로 다른 방향성(수직, 수평, 빗각)을 가진 테두리들이 결합해서 복잡한 이미지를 만들어낸다. 여기에 뇌의 다른 세포 집단이 가세하여 깊이와 색채와 움직임을 부여한다. 글자가 뒤집힌 형태로 인식되는 신경질환인 난독증은, 감각 입력의 정상적인 단계 반응이 잘못되어 발생하는 기능 이상의 대표적인 예이다.

시각과 마찬가지로 청각 능력도 우리가 각기 다른 파장으로 전달되는 에너지 흐름을 감지할 수 있기 때문에 가능한 것이다. 소리는 공간에 있는 입자들이 서로 충돌하면서 내보내는 에너지 패턴의 산물이다. 입자들의 충돌로 만들어지는 에너지 파장이 우리 귀의 고막에 닿으면, 파장이 어떻게 되느냐에 따라 고막을 진동시키는 속성이 달라진다. 망막세포가 그랬듯이, 여기서는 나선 기관의 유모세포가 우리 귀의 에너지 진동을 신경 코드로 바꾼다. 이것이 (뇌의 측두부에 있는) 청각피질에 닿으면 소리를 듣게 되는 것이다.

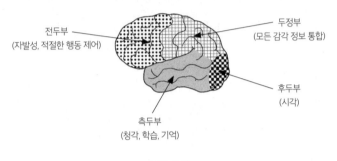

전두부
(자발성, 적절한 행동 제어)

두정부
(모든 감각 정보 통합)

후두부
(시각)

측두부
(청각, 학습, 기억)

피질 구성

원자 및 분자 정보를 감지해내는 능력이 가장 분명하게 드러나는 감각은 바로 화학적 감각인 후각과 미각이다. 후각과 미각 수용체는 코나 미뢰를 자극하는 전자기 입자에 민감하게 반응한다. 하지만 사람마다 냄새나 맛을 느끼기 위해 필요한 자극의 양이 다르다. 이 감각계 역시 복잡한 단계 반응을 일으키는 뉴런들로 구성되며, 감각계의 어느 한 부분이라도 손상되면 비정상적인 지각이 일어날 수 있다.

피부는 가장 규모가 큰 감각기관으로 압력, 진동, 접촉, 고통, 온도 등을 전담하는 아주 특정한 감각 수용체들이 곳곳에 분포되어 있다. 수용체마다 반응하는 자극의 유형이 정해져 있어서 가령 추위 자극은 추위를 감지하는 수용체에만, 진동은 진동을 감지하는 수용체에만 지각된다. 이런 특정성 때문에 피부는 감각 수용의 섬세한 지도라고 할 수 있다.

사람마다 자극에 따라 반응하는 정도가 다른데, 이는 우리가 세상을 지각하는 방식에 지대한 영향을 미친다. 만약 우리가 사람들의 말을 듣는 데 어려움이 있다면 대화의 일부만을 듣고 받아들이게 될 테고, 그러면 최소한의 정보를 근거로 결정과 판단을 내리게 된다. 시력이 좋지 않으면 세세한 부분에 집중하지 못해서 세상과 교류하기 어려울 수 있다. 후각에 문제가 있다면, 안전한 환경과 건강을 위협하는 환경을 구별하지 못하고 위험에 노출될 가능성이 높다. 정반대로 우리가 자극에 지나치게 민감하다면, 세상과의 접촉을 피하느라 삶의 단순한 기쁨을 놓칠 수도 있다.

포유류의 신경계통 질병은 다른 종들과 구별되는 종 특유의 독특한 뇌조직과 관련되어 있는 경우가 많다. 인간의 경우에는 대뇌피질의 바깥층이 질병에 취약하다. 뇌졸중은 미국에서 장애 발생률이 높은 가장 흔한 질병이며 사망 질환 가운데 세 번째로 높다. 신경질환은 대뇌피질에서 인지를 담당하는 고차원적 층위와 주로 관련이 있으며, 뇌졸중은 우뇌보다 좌뇌에서 4배나 더 많이 일어나기 때문에 언어 능력에 문제가 생기는 경우가 많다. 뇌졸중은 산소를 뇌세포에 실어 나르는 혈관에 문제가 생긴 경우로, 기본적으로 허혈성 뇌졸중과 출혈성 뇌졸중, 두 가지 유형이 있다.

미국 뇌졸중협회에 따르면 허혈성 뇌졸중은 전체 뇌졸중의 83퍼센트를 차지한다고 한다. 동맥은 혈액을 뇌에 전달하는 역할을 하는데 심장에서 멀어질수록 혈관이 점차 가늘어진다. 동맥에는 뉴런을 포함한 세포들이 살아가는 데 꼭 필요한 산소가 들어 있다. 허혈성 뇌

동맥이 막혀 산소가 세포에 전달되지 못한다

허혈성 혈전

졸중은 피가 엉긴 덩어리인 혈전이 좁은 동맥을 지나지 못해서 혈관을 막는 질환이다. 혈관 폐색으로 산소를 공급받지 못한 뇌세포는 결국 외상을 입어 죽고 만다. 뉴런은 일반적으로 재생되지 않으므로 죽은 뉴런은 새 뉴런으로 대체되지 않는다. 죽은 뉴런이 담당하던 기능은 다른 뉴런이 돌발 상황에 적응해 그 기능을 떠맡지 않는 한 영영 잃어버리게 된다. 뇌마다 신경 배선이 다르기 때문에 외상을 회복하는 능력도 저마다 다르다.

출혈성 뇌졸중은 피가 동맥에서 빠져나와 뇌로 스며드는 질환이다. 전체 뇌졸중의 17퍼센트가 출혈성이다. 피가 뉴런에 직접 닿으면 독이나 마찬가지다. 그러므로 혈관이 새거나 터지면 뇌에 치명상을 입힐 수 있다. 뇌졸중 가운데 하나인 동맥류는 혈관의 벽이 약해져서 주머니 모양으로 늘어난 것을 말한다. 약해진 부위에 피가 고여 언제

'맙소사, 곧 터지게 생겼잖아!'

정상적으로 두터운 혈관 벽

동맥류(혈관의 얇은 벽이 주머니처럼 불룩해진다)

라도 터질 수 있는데, 만약 터질 경우 다량의 피가 두개골로 흘러들게 된다. 동맥류는 목숨을 위협할 만큼 치명적이다.

동정맥 기형은 출혈성 뇌졸중을 일으키는 희귀한 원인 중 하나로, 기형적인 형태의 동맥을 갖고 태어나는 선천적 질환이다. 정상적인 혈류라면 높은 압력의 동맥을 통해 심장에서 피가 몸 전체로 나가고 낮은 압력의 정맥을 통해 심장으로 들어온다. 이때, 그물처럼 얽힌 모세혈관이 동맥과 정맥 사이에서 일종의 완충지대 역할을 한다.

정상적인 혈류

동정맥 기형

하지만 동정맥 기형의 경우, 충격을 완화해주는 모세혈관의 그물 없이 동맥이 바로 정맥과 연결되어 있다. 그래서 정맥이 동맥에서 오는 높은 압력을 더 이상 견디지 못하고 둘 사이의 연결 부분이 터지면서 피가 뇌로 쏟아지는 것이다. 동정맥 기형이 출혈성 뇌졸중에서 차지하는 비중은 2퍼센트에 지나지 않지만, 한창 젊은 나이(25세에서 45세 사이)에 일어나는 뇌졸중으로는 가장 일반적이다. 내가 동정맥 기형으로 출혈이 일어났을 때가 37세였다.

혈관 문제의 원인이 혈전이든 출혈이든, 징후가 완전히 똑같은 뇌졸중은 없다. 뇌마다 구조도 조금씩 다르고 연결도 다르고 회복하는 능력도 다르기 때문이다. 그래서 뇌졸중의 징후에 대해 이야기하려면 우뇌와 좌뇌의 선천적 차이에 대해 거론하지 않을 수 없다. 양측 반구의 해부학적 구조는 거의 대칭적으로 보이지만, 정보를 처리하는 방식은 물론 처리하는 정보의 유형에도 상당한 차이가 있다.

양측 반구의 기능적 구조를 더 잘 이해할수록 특정 부위가 손상될 때 어떤 장애가 일어날지 예측하기가 쉬워진다. 더 중요한 것은 이런 지식이 있으면 뇌졸중 환자들이 잃어버린 기능을 찾는 데 도움이 될 수도 있다는 점이다.

뇌의 균형 잡기

인간의 대뇌피질이 기능적으로 비대칭하다는 내용에 관한 과학적 연구는 200년 전부터 계속되었다. 내가 알기로, 양측 반구가 저마다 다른 마음을 갖고 있다고 주장한 최초의 인물은 메이너드 사이먼 듀푸이Meinard Simon Du Pui였다. 1780년에 그는 인류가 호모 듀플렉스이중적 인간, 즉 각기 다른 마음을 가진 두 개의 뇌로 이루어진 존재라고 주장했다. 거의 한 세기가 지난 1800년대 말, 아서 래드브로크 위건Arthur Ladbroke Wigan은 정상인처럼 걷고 말하고 읽고 쓰고 활동했던 한 사람의 검시를 참관했다. 그의 뇌를 들여다보던 위건은 그가 하나의 대뇌반구만 가지고 있다는 것을 알아차렸다. '반쪽짜리' 뇌만 가지고도 온전한 정신으로, 온전한 사람처럼 활동했던 것이다. 위건은 두 개의 대뇌반구를 가진 인간들은 분명 두 개의 마음을 가졌으리라 추정하고, '마음의 이중성Duality of the Mind 이론'을 적극적으로 옹호했다.

양측 반구가 정보를 처리하고 새로운 정보를 학습하는 방법에서 보여주는 차이점과 유사점에 관해 오랫동안 학계의 의견이 분분했다. 이 주제는 로저 스페리Roger Sperry 박사가 심각한 간질 발작을 겪는 사람들의 뇌량을 외과 수술을 통해 잘라내는 일련의 뇌 분리 실험을 한 이후로 1970년대 미국에서 특히 많은 관심을 모았다. 1981년 노벨상 수상 연설에서 스페리는 이렇게 말했다.

배경 요인을 동등하게 두고 동일 주체가 같은 문제를 처리할 때 면밀하게 좌우를 비교하는 능력과 관련 있는 교련 절개술의 상황에서는 양쪽의 아주 사소한 차이도 중요해집니다. 같은 사람이 확연히 구별되는 두 가지의 심리적 태도와 전략을 취하는 모습을 볼 수 있죠. 좌뇌를 사용하느냐 우뇌를 사용하느냐에 따라 완전히 다른 두 사람이 되는 것입니다.

뇌 분리 환자 연구가 시작된 초창기부터 신경과학자들은 양측 반구가 서로 연결되어 있을 때와 외과 수술로 분리되어 있을 때 기능하는 방식이 다르다는 사실을 알고 있었다. 정상적으로 연결된 상태에서는 양측 반구가 서로의 능력을 보충하고 강화한다. 그런데 외과적으로 분리되면 마치 지킬 박사와 하이드처럼 서로 다른 개성을 가진 두 개의 독립적인 뇌처럼 기능한다.

신경과학자들은 이제 기능성 자기공명영상 같은 현대 기술을 활용하여 뇌가 특정 기능을 수행할 때 어떤 뉴런이 관여하는지 실시간으로 확인할 수 있다. 뇌량을 통해 양측 반구의 뉴런이 통합적으로 작용하기 때문에 사실상 양측 반구는 우리가 취하는 모든 인지 행동에 관여한다. 다만 이를 수행하는 방식이 다를 뿐이다. 그래서 과학계는 양측 반구가 서로 다른 성격의 두 개체라기보다 서로를 보완하는 반쪽들이라는 견해를 지지한다. 정보를 각자 독특하게 처리하는 양측 반구가 있어서 세상을 이해하는 뇌의 능력이 향상되었고, 그래서 하나의 종으로서 우리의 생존 가능성도 높아졌다는 주장이 가능하다. 양측 반구는 능숙한 솜씨로 세상에 대해 이음새 없는 매끈하고 단일한 지각을 만들어내므로 좌뇌와 우뇌에서 일어나는 것을 의식적으로 구별하기는 사실상 불가능하다.

여기서 먼저 우세 반구와 우세 손을 구분하고 넘어가자. 뇌에서 우세한 영역은 언어를 만들고 이해하는 능력을 어느 쪽이 점유하고 있느냐에 따라 결정된다. 응답자에 따라 통계가 달라지지만 오른손잡이(미국 인구의 85퍼센트 이상)는 사실상 전부 좌뇌 우세다. 그리고 왼손잡이의 60퍼센트 이상도 좌뇌 우세로 분류된다. 양측 반구의 비대칭을 좀더 자세히 들여다보자.

우리 몸의 왼쪽 절반을 통제하는 우뇌는 병렬처리 컴퓨터처럼 작동한다. 독립적인 정보들이 각각의 감각계를 통해 우리 뇌로 동시에 밀려온다. 오른쪽 뇌는 순간의 모습과 소리와 맛과 냄새와 감촉이 어떤지 파악한 다음 이것들을 이어붙여 전체 상을 만들어낸다. 순간들은 일회성 자극이 아니며, 감각과 사고와 감정, 그리고 때로는 생리적 반응도 이끌어낸다. 이런 식의 정보 처리 덕분에 우리는 주위에 무엇이 있는지 금방 파악하고 관계를 맺을 수 있다.

오른쪽 뇌의 능력 덕분에 우리는 개별적인 순간들도 사진처럼 명료하고 정확하게 떠올릴 수 있다. 대부분의 사람들이 케네디 대통령

암살 소식이나 세계무역센터 건물이 무너졌다는 뉴스를 처음 들었을 때 자신이 어디 있었고 무슨 느낌이 들었는지 기억한다. '나도 할래'라는 말을 처음 했던 순간이나 자신의 아기가 웃는 모습을 처음 본 순간을 기억하는 사람도 있을 것이다. 우리의 우뇌는 관계를 통해 기억하도록 설계되었다. 명확한 개체들의 경계가 흐릿해지고, 이미지와 근운동 감각과 생리적 반응이 결합된 전체적인 모습으로 복잡한 심상이 떠오른다.

어떤 행동을 취할 때 꼭 이렇게 해야 한다는 규칙이 없는 오른쪽 뇌는 자유롭게 틀을 벗어나 직관적으로 생각하며, 각각의 새로운 순간이 안겨주는 가능성을 창조적으로 탐험한다. 애초에 우뇌는 자발적이고 태평하고 상상하기 좋아하도록 설계되어 있다. 덕분에 우리는 금지나 판단에 구애받지 않고 예술적 활기를 자유롭게 펼칠 수 있다.

현재 순간에서는 모든 사물과 모든 사람이 하나로 연결된다. 그래서 우뇌는 각각의 존재를 인류라는 가족의 동등한 일원으로 여긴다. 우리의 서로 닮은 모습을 확인하고, 우리의 삶을 지탱해주는 놀라운 지구와의 관계를 인식한다. 모든 것이 어떻게 연결되는지, 우리가 어떻게 힘을 합쳐 전체를 이루는지 큰 그림으로 파악한다. 우리가 상대방의 입장이 되어 그들의 감정을 느낄 수 있는 것은 오른쪽 전두피질 덕분이다.

이와 대조적으로 좌뇌는 정보 처리 방식이 완전히 다르다. 우뇌가 만들어낸 풍성하고 복잡한 순간들을 적절한 순서로 엮는다. 이어 지금 이 순간을 이루는 세부 사항들과 바로 앞 순간의 세부 사항들을 연속적으로 비교한다. 순차적이고 조직적으로 세부 사항을 구성하여 시간이라는 개념을 만드는 것이다. 이에 따라 우리의 모든 순간들은 과거, 현재, 미래로 나뉜다. 이런 체계적인 시간의 매듭 구조를 바탕으로 우리는 사건의 순서를 정할 수 있다. 가령 우리가 신발과 양말을 볼 때 신발을 신기 전에 양말부터 신어야 한다고 이해하는 것이 좌뇌이다. 좌뇌는 퍼즐을 들여다보고는 색깔, 모양, 크기의 단서를 활용하여 배열 패턴을 인식할 줄 안다. 그리고 매사를 A가 B보다 크고 B가 C보다 크면 A는 C보다 크다는 식의 연역적 추리로 이해한다.

우뇌가 현재 순간의 큰 그림을 지각한다면, 좌뇌는 이와 달리 세부 사항을 파고들어 분석한다. 좌뇌의 언어 중추는 말을 사용하여 모든 것을 설명하고 규정하고 범주화하고 소통한다. 현재 순간의 큰 그림을, 말을 통해 서로 비교하고 관리할 수 있는 단편들로 나눈다. 좌뇌는 꽃을 보면 전체의 구성 요소인 꽃잎, 줄기, 수술, 꽃가루라는 이름을 떠올린다. 무지개의 이미지는 빨주노초파남보라는 언어로 해체한다. 우리의 신체는 팔, 다리, 몸통 등 해부적·생리적·생화학적 세부 사항들로 묘사한다. 좌뇌는 이런 실제와 세부 사항을 엮어 이야기를 만든다. 학구적 능력이 뛰어나며, 이런 능력을 발휘하여 세부 사항에 대한 권위를 보여준다.

우리의 뇌는 좌뇌의 언어 중추를 통해 우리에게 계속 말을 건넨다. 나는 이런 현상을 '뇌의 재잘거림'이라 부른다. 당신에게 집에 가는 길에 바나나를 사라고 말하는 것도, 언제 세탁물을 찾아야 할지 계산하는 것도 바로 이 목소리다. 사람마다 마음의 속도에 상당한 차이가 있다. 누군가는 뇌의 재잘거림이 너무도 빨리 지나가서 생각을 따라잡는 것이 버겁기도 하다. 언어로 생각하는 속도가 느려서 이해하는

데 시간이 오래 걸리는 사람도 있다. 한편 어떤 사람은 생각한 바를 행동으로 옮기기 위해 필요한 집중력과 주의력을 유지하는 것에 어려움을 겪는다. 이렇듯 처리 과정에서 개인마다 차이가 있는 것은 각자의 뇌세포가 다르고 각자의 뇌가 본질적으로 배선된 방식이 다르기 때문이다.

좌뇌의 언어 중추는 '나는 무엇무엇이다'라고 말함으로써 스스로를 정의하는 일도 한다. 여러분의 뇌는 인생의 세세한 면에 대해 계속해서 재잘거려줌으로써 여러분이 이를 잊지 않도록 상기시킨다. 바로 여기가 여러분의 자아가 머무는 보금자리이다. 여러분의 이름이 어떻게 되는지, 여러분이 무엇을 할 수 있는지, 어디에 사는지 등을 깨닫게 해주는 곳이다. 이런 일을 하는 세포가 없다면, 여러분은 자신이 누구인지조차 잊고 이제까지 살아온 삶과 정체성을 잃어버리게 될 것이다.

좌뇌는 언어로 사고할 뿐만 아니라 외부의 자극에 대해 일정한 양식으로 사고한다. 감각 정보에 대해 거의 자동으로 돌아가는 신경 회로를 마련해놓고 있다. 덕분에 우리는 개별적인 자료 하나하나에 집중하는 데 많은 시간을 들이지 않고도 대량의 정보를 처리할 수 있다. 신경학의 관점에서 보자면 뉴런의 회로를 돌리기 위해 매번 분명한 자극이 가해져야 하는 것은 아니다. '반향 회로'라고 해서 일일이 외부 자극에 반응하지 않고 자동적으로 순환되는 '사고 패턴의 회로'를 좌뇌가 만드는데, 이렇게 하면 대량으로 밀려드는 자극을 최소한의 주의력과 연산으로 재빨리 해석할 수 있다.

좌뇌에는 이런 패턴 인지 프로그램이 바탕에 깔려 있기 때문에, 과거의 경험을 토대로 우리가 미래에 무엇을 생각하고 어떻게 행동할지 예측하는 능력이 탁월하다. 나는 개인적으로 빨간색을 좋아해서 빨간색 차를 몰고 빨간색 옷을 즐겨 입는다. 내가 빨간색을 좋아하는 것은 빨간색 물건이 시야에 들어오면 흥분해서 자동으로 돌아가는 회로가 나의 뇌에 있기 때문이다. 신경의 관점에서만 보자면, 왼쪽 뇌에 있는 세포들이 내가 빨간색을 좋아한다고 내게 말하기 때문이기도 하다.

좌뇌가 하는 일 가운데 무엇보다 중요한 것은 정보를 범주화하여 우리를 매혹시키는 것과 불쾌하게 하는 것을 구별하는 일이다. 우리가 좋아하는 것에는 좋다는 판단을 내리고, 싫어하는 것에는 나쁘다는 판단을 내린다. 비판적인 판단과 분석 작업을 통해 좌뇌는 끊임없이 우리를 다른 사람과 비교한다. 그래서 돈이면 돈, 학식이면 학식, 정직이면 정직, 그 어떤 면에서든 현재 우리 위치가 어디인지 계속 주시하게 만든다. 우리의 자아는 우리의 개성을 즐기고 우리의 독자성을 찬양하며 그것을 얻기 위해 노력한다.

좌뇌와 우뇌는 정보를 처리하는 방식은 각기 다르지만, 우리가 어떤 행동을 하려고 할 때는 서로 긴밀하게 연락을 주고받는다. 예를 들어 언어의 경우 좌뇌는 문장 구조의 세부 사항과 단어의 의미를 이해한다. 어떤 문자로 구성되었고 그것이 어떻게 결합해서 소리를 만들고 의미를 갖는지 이해하는 것이 좌뇌이다. 이어 순차적으로 단어들을 연결해서 대단히 복잡한 메시지를 전할 수 있는 문장과 문단을 만든다.

이때 우뇌는 비언어적 소통을 해석함으로써 좌뇌 언어 중추의 활동을 보완해준다. 다시 말해, 우리의 오른쪽 뇌는 목소리 톤이라든가 얼굴 표정, 몸짓 같은 보다 미묘한 언어적 단서에 관심을 갖는다. 소통의 큰 그림을 보며 표현의 전체적인 조화를 평가한다. 그래서 상대방의 몸짓과 얼굴 표정, 목소리 톤, 전하는 메시지가 서로 일치하지 않으면, 표현을 담당하는 신경에 이상이 있다고 추측하거나 진실을 말하고 있지 않다는 증거로 받아들인다.

좌뇌가 손상된 사람은 언어 중추의 세포가 망가져서 언어를 구사하거나 이해하지 못할 수 있다. 하지만 온전한 우뇌의 세포들 덕분에 상대방이 진실을 말하고 있는지 아닌지는 금세 알아낼 수 있다. 한편 우뇌가 망가진 사람이라면 메시지가 전하는 감정을 제대로 판단하지 못할 수 있다. 예를 들어 내가 파티에서 블랙잭을 하면서 '한 장 더 줘 hit me!'라고 말했을 때, 우뇌가 손상된 사람은 내가 다른 카드를 달라고 요청하는 게 아니라 내 몸을 때려달라고 말한다고 생각할 수도 있다. 보다 큰 그림의 맥락에서 소통의 의도를 평가하는 우뇌의 능력이 없다면 좌뇌는 모든 것을 글자 그대로만 해석하려 할 것이다.

우리의 양측 반구가 서로를 보완하며 함께 기능한다는 것을 보여주는 또 다른 좋은 예는 '음악'이다. 음계를 조직적으로 반복 학습할 때, 악보 읽는 법을 배울 때, 지시된 음을 내기 위해 악기 운지법을 외울 때, 우리는 주로 왼쪽 뇌에 의존한다. 오른쪽 뇌는 연주를 하거나 즉흥연주를 하거나 시창청음(악기의 도움 없이 악보를 보고 정확히 노래할 수 있는 능력과 음을 듣고 악보에 적을 수 있는 능력을 기르기 위한 훈련)을 하는 등 현재 순간에서 음을 실현하려고 할 때 능력을 발휘한다.

혹시 여러분의 뇌가 어떤 공간에서 몸이 놓인 위치를 어떻게 파악하는지 곰곰이 생각해본 적이 있는가? 놀랍게도 신체 경계를 규정하는, 즉 우리 몸이 주위 공간과 관련하여 어디서 시작하고 어디서 끝나는지를 규정하는 정위연합 영역이 좌뇌에 있다. 한편 우뇌에는 우리 몸이 놓일 방향을 지정해주는 정위연합 영역이 있다. 그래서 좌뇌가 현재 몸의 위치를 가르쳐주면, 우뇌는 몸을 두고 싶어 하는 곳으로 옮길 수 있게 도와준다.

서점에 가보면 뇌 교습과 학습, 대뇌반구의 비대칭에 관한 책들이 많이 나와 있으니 관심 있는 분들은 읽어보기 바란다. 양측 반구가 어떻게 서로 힘을 합쳐서 우리가 현실을 지각하도록 만드는지 이해하면, 우리는 뇌가 선사하는 축복의 선물을 더 잘 활용할 수 있을 것이다. 또한 신경성 외상에서 회복 중인 사람들을 좀더 효과적으로 도울 수 있으리라 믿는다.

이 책이 내게 안겨준 통찰

이 작은 책에는 참으로 많은 이야기가 담겨 있다. 그도 그럴 것이 37세의 나이에 뇌졸중에 걸렸다가 8년의 회복 과정을 거쳐 마침내 신체적·정신적 기능을 되찾은 사람이 쓴 기록이니까 말이다. 이 책을 집어든 독자들 중에는 뇌졸중에 걸린 환자를 가족으로 둔 사람이거나 앞으로 닥칠지 모를 뇌졸중의 위험에 대비해 정보를 구하려는 사람도 있을 것이다. 뇌졸중을 겪고 이를 극복한 사람이 직접 쓴 책이니만큼 무엇보다 믿을 만하다. 뇌졸중 증상은 어떤지, 어떤 점에 중점을 두고 치료해야 하는지, 주위에서 어떤 식으로 도와줘야 하는지 등등 실질적인 도움을 얻을 수 있다.

하지만 이 책의 주인공이 평범한 일반인이었다면 그렇게까지 화제가 되지는 못했을 터, 이 책의 저자인 질 볼트 테일러는 신경해부학을 전공한 뇌과학자이다. 어릴 때부터 조현병을 앓는 오빠를 보며 자라 뇌의 작용에 특별한 관심을 보였고, 전미정신질환자협회의 임원으로 활동하면서 정신질환자의 삶의 질을 높이고 뇌 기증 문화를 선도해왔다. 이렇듯 누구보다 뇌질환에 관심이 많고 뇌에 대해 해박한 지식을 갖고 있던 그녀가 정작 자신의 뇌가 속수무책 무너져 내리는 과정을 지켜보는 처지에 놓이게 되었으니 이걸 운명의 장난이라고 해야 할까.

이 책에서 가장 흥미로운 부분은 바로 뇌졸중 발병으로 인해 인지력이 단계적으로 무너져 가는 과정을 과학자의 눈으로 추적하는 대목이다. 우리의 존재를 구성하는 복잡한 신경 프로그램들이 하나하나 망가질 때마다 몸과 마음이 해체되면서 기이한 일들이 벌어진다. 뇌질환의 사례를 통해 인간 존재의 신비를 소개하는 뇌과학 책들은 그동안 국내에도 꽤 소개되었지만, 실험과 관찰을 통해서가 아니라 자신이 몸소 체험한 사례를 소개하는 책은 이 책이 유일무이하지 않을까 싶다. 더 흥미로운 것은 그녀가 유아기로 돌아가 모든 것을 처음부터 새로 배우는 발달 과정을 고스란히 반복해야 했다는 점이다. 걷는 법, 말하는 법, 읽는 법, 숫자 세는 법, 색깔 보는 법 등 우리가 너무도 당연하게 여기는 일들을 그녀가 고통스럽게 배우는 과정을 지켜보노라면 신경 차원에서 인간이 얼마나 위대한 존재인지 새삼 깨닫게 된다.

질 볼트 테일러가 특히 강조하는 것은 좌뇌와 우뇌의 차이다. 그녀는 좌뇌에 출혈이 일어나 언어 능력은 물론 기억 능력조차 잃었다. 순차적 사고도 불가능해져서 경험의 과거, 현재와 미래를 구분하지 못하고 모든 순간이 고립된 채로 존재하게 되었다. 그와 동시에 우뇌가 활개를 펴기 시작했다. 사람들의 감정에 민감하게 반응했고, 평온하고 차분한 의식이 밀려들면서 열반과 같은 희열에 빠져들었다. 한마디로 좌뇌의 '행하는' 의식이 밀려나고 우뇌의 '존재하는' 의식이 부각된 것이다.

회복 과정 중에 저자가 가장 힘들어한 것은 회복의 필요성을 끊임없이 확인하는 일이었다. 세상과의 끈이 하나둘 풀리면서 거대한 희열과 영원한 우주의 흐름을 느끼자 그 속으로 도망치고 싶었다고 한다. 그만큼 마음의 평화는 유혹적이었다. 그러면서 그녀는 누구든 언제라도 이와 같은 깊은 마음의 평화에 접속할 수 있다고 말한다. 자발적으로 좌뇌의 재잘거림을 잠재우고 우뇌의 의식을 일깨우는 방법이 있다는 것이다. (이 책을 다 읽은 독자라면 이미 그 방법을 알고 있을 것이다.) 이것이 바로 그녀가 고통스러운 회복 과정을 참아낼 수 있는 힘이었고, 이 책의 원제가 '뇌졸중이 내게 안겨준 통찰My Stroke of Insight'인 이유다. 이렇듯 뇌졸중은 그녀에게 감정의 짐을 내려놓고 마음을 평온하게 다스리는 방법을 가르쳐주었다.

이 책을 번역하면서 나 역시 부정적인 회로를 잠재우고 기쁨의 회로에 접속하며 순간순간 만족하는 방법을 배울 수 있었다. 뇌의 신비를 소개하는 책은 많지만 뇌를 다스리는 법을 알려주는 뇌과학 책은 흔치 않다. 각기 다른 마음을 가진 두 개의 뇌를 평화롭게 조화시키는 방법, 이것이 바로 마음의 건강을 누리는 지혜이자 '이 책이 내게 안겨준 통찰'이다. 이렇게 멋진 책을 번역할 기회를 준 월북 식구들에게 고맙다는 말을 전한다.

장호연

뇌졸중 위험 지표

S Speech 언어 능력에 문제가 생긴다

T Tingling 몸이 저릿저릿하고 감각이 마비된다

R Remember 기억력에 문제가 생긴다

O Off Balance 몸이 제대로 말을 듣지 않는다

K Killer Headache 극심한 두통이 찾아온다

E Eyes 시력에 문제가 생긴다

⇨ 뇌졸중이 감지되면 즉시 119로 연락할 것

나는 뇌졸중일까?

1. 상대방에게 내 눈을 보고 말하게 하여 내가 무엇을 보고 들을 수 있는지 알렸는가?

2. 색깔을 구별할 수 있는가?

3. 주변을 3차원으로 지각하는가?

4. 시간 감각이 있는가?

5. 내 몸의 모든 부위를 내 몸으로 인식하는가?

6. 목소리와 주변의 소음을 구별할 수 있는가?

7. 식사를 챙길 수 있는가? 용기 뚜껑을 손으로 열 수 있는가? 혼자서 먹기 위해 필요한 힘과 손재주가 있는가?

8. 편안한가? 몸은 따뜻한가? 목이 마른가? 아픈 데는 없는가?

9. 감각 자극(빛이나 소리)에 과민하게 반응하는가? 그렇다면 잘 때 귀마개를 사용하고 선글라스로 눈을 보호할 것!

10. 순차적으로 생각할 수 있는가? 양말과 신발이 무엇인지 아는가? 신발을 신기 전에 양말부터 신어야 한다는 것을 알고 있는가?

나를 살리는 40가지 방법

1. 나는 멍청한 게 아니라 다친 것이다. 나를 존중하라.

2. 내게 가까이 와서 천천히 또박또박 발음하라.

3. 내가 아무것도 모른다고 생각하고 처음부터 다시 반복하라.

4. 스무 번째 가르칠 때도 처음 가르치는 것처럼 인내심을 갖고 대하라.

5. 열린 마음으로 나를 대하고 에너지 속도를 늦춰라. 시간을 갖고 천천히.

6. 여러분의 보디랭귀지와 얼굴 표정이 내게 무엇을 말하는지 생각하라.

7. 내 눈을 마주봐야 한다. 내가 있는 곳으로 와서 나를 찾아 격려하라.

8. 소리를 지르지 마라. 나는 귀가 먹은 게 아니라 다친 것이다.

9. 적절하게 손을 뻗어 나를 만져라. 적절한 스킨십은 안정을 가져다준다.

10. 수면의 치유력을 믿어라.

11. 에너지를 보호하라. 라디오, 텔레비전, 신경질적인 방문객은 금지! 방문 시간을 짧게(5분) 제한하라.

12. 새로운 것을 학습할 에너지가 있을 때 뇌를 자극하되 기력이 금세 바닥 난다는 것을 기억하라.

13. 연령대에 맞는 (유아) 교육용 장난감과 책을 사용하여 나를 가르쳐라.

14. 근운동 감각으로 세상을 경험하라. 내가 모든 것을 몸으로 직접 느끼게 하라. (나는 또다시 갓난아이가 된 것이나 마찬가지다.)

15. 남이 하는 것을 보고 따라 하게 하는 식으로 가르쳐라.

16. 여러분의 수준이나 스케줄에 따라 판단하지 말고 내가 노력하고 있다고 믿어라.

17. 주관식으로 질문하라. 단답식 질문은 피해야 한다.

18. 특정한 답이 있는 질문을 하라. 생각할 수 있는 시간을 충분히 줘라.

19. 내 생각의 느린 속도만으로 인지력을 평가하지 마라.

20. 나를 갓난아이 다루듯 살살 다뤄라.

21. 다른 사람에게 나에 대해 말하지 말고 내게 직접 말하라.

22. 내게 용기를 줘라. 설령 20년이 걸리더라도 내가 완전히 회복할 수 있다고 믿어라!

23. 나의 뇌가 언제든 계속 배울 수 있다고 믿어라.

24. 모든 행동을 작은 단계들로 나눠라.

25. 과제를 수행할 때 방해물이 무엇인지 살펴라.

26. 지금 무엇을 이루기 위해 노력하는지 알 수 있도록 다음 단계에 대해 명확하게 설명하라.

27. 현 단계를 완전히 숙달한 뒤에 다음 단계로 넘어가라.

28. 작은 성공을 거둘 때마다 축하하라. 그래야 격려가 된다.

29. 나 대신 문장을 완성하거나 내가 놓친 단어를 알려주지 마라. 나의 뇌가 직접 해야 한다.

30. 옛 파일을 찾지 못하면 새 파일을 만들어라.

31. 내가 실제로 하는 것보다 이해하는 것이 더 많다는 것을 생각하라.

32. 할 수 없는 일을 슬퍼하기보다 할 수 있는 일에 집중하라.

33. 내가 옛날에 어떻게 살았는지 이야기하라. 예전만큼 악기를 연주하지 못한다고 해서 내가 음악이나 악기를 더 이상 즐기지 못하는 것은 아니다.

34. 일부 기능을 잃은 대신 다른 기능을 얻었다는 것을 기억하라.

35. 가족과 친구들의 소식, 이들의 따뜻한 지지를 계속 나에게 전하라. 이들의 카드와 사진을 언제든 볼 수 있게 벽에 붙여놓고 이름표를 붙여라.

36. 알고 지냈던 사람들에게 연락해서 내게 사랑과 격려를 보내달라고 하라. 내 상황을 수시로 계속 알리고 나를 돕기 위해 특정한 일을 해달라고 부탁하라.

37. 현재의 내 모습을 사랑하라. 나를 과거의 내 모습과 자꾸 비교해선 안된다. 이제 뇌가 달라졌다.

38. 나를 보호하되 나의 회복을 방해하지 마라.

39. 내가 예전에 어떻게 말하고 걷고 동작을 취했는지 알 수 있도록 내가 나오는 지난 시절의 비디오테이프를 보여주라.

40. 처방약은 무기력한 기분이 들게 하고, 나 자신으로 있는 기분을 제대로 느끼지 못하게 할 수 있다는 것을 기억하라.

지은이 질 볼트 테일러 Jill Bolte Taylor

인디애나 의과대에서 신경해부학을 전공했다. 하버드대에서 연구원으로 활동하던 1996년, 37세의 나이로 뇌졸중에 걸린다. 뇌 기능이 하나둘 무너지는 과정을 몸소 관찰한 최초의 뇌과학자로, 개두 수술과 8년간의 회복기를 거치며 뇌에 대한 깊이 있는 자각을 얻는다. 회복 후 그는 이 특별한 경험을 TED 강연으로 공개했고 역대 최고의 인기를 누렸다. 이후 오프라 윈프리 쇼에 출연해 감동을 전해주었으며, TIME에서 뽑은 '세계에서 가장 영향력 있는 100인'에 선정된 바 있다. 현재 하버드대 뇌조직 자원센터의 대변인이자 미드웨스트 방사선치료 연구소의 고문으로 활동하고 있다.

옮긴이 장호연

서울대학교 미학과와 음악학과 대학원을 졸업하고, 음악과 과학, 문학 분야를 넘나드는 번역가로 활동 중이다. 『뮤지코필리아』, 『과학으로 풀어보는 음악의 비밀』, 『슈베르트의 겨울 나그네』, 『에릭 클랩튼』, 『시선들』, 『콜럼바인』, 『스타워즈로 본 세상』, 『스스로 치유하는 뇌』, 『죽은 자들의 도시를 위한 교향곡』, 『기억의 과학』 등을 번역했다.

나는 내가 죽었다고 생각했습니다 뇌과학자의 뇌가 멈춘 날

펴낸날 초판 1쇄 2019년 1월 10일
　　　　초판 16쇄 2024년 5월 13일
지은이 질 볼트 테일러
옮긴이 장호연
펴낸이 이주애, 홍영완
책임편집 양혜영
마케팅총괄 김진겸, 김가람
디자인 김주연
펴낸곳 (주)윌북 출판등록 제2006-000017호
주소 10881 경기도 파주시 광인사길 217
전화 031-955-3777 팩스 031-955-3778 홈페이지 willbookspub.com
블로그 blog.naver.com/willbooks 포스트 post.naver.com/willbooks
트위터 @onwillbooks 인스타그램 @willbooks_pub
ISBN 979-11-5581-188-7 (03400)